K. Jungermann H. Möhler

Übungen und Prüfungsfragen
Biochemie

Begleittext zum Lehrbuch Biochemie

Springer-Verlag
Berlin Heidelberg New York 1980

Prof. Dr. rer. nat. Kurt Jungermann
Physiologisch-Chemisches Institut der Universität Göttingen
Humboldtallee 7, D-3400 Göttingen

Priv.-Doz. Dr. rer. nat. Hanns Möhler
Abteilung für experimentelle Medizin, Hoffmann-La Roche
CH-4002 Basel

CIP-Kurztitelaufnahme der Deutschen Bibliothek.
Jungermann, Kurt: Biochemie : Lehrbuch für Studierende d. Medizin, Biologie u.
Pharmazie / K. Jungermann u. H. Möhler. - Berlin, Heidelberg, New York : Springer.
NE: Möhler, Hanns: Übungen und Prüfungsfragen : Begleittext zum Lehrbuch Biochemie. - 1980.
ISBN-13: 978-3-540-09300-8   e-ISBN-13: 978-3-642-67257-6
DOI: 10.1007/978-3-642-67257-6

Das Werk ist urheberrechtlich geschützt. Die dadurch begründeten Rechte, insbesondere die der Übersetzung, des Nachdruckes, der Entnahme von Abbildungen, der Funksendung, der Wiedergabe auf photomechanischem oder ähnlichem Wege und der Speicherung in Datenverarbeitungsanlagen bleiben, auch bei nur auszugsweiser Verwertung, vorbehalten. Bei Vervielfältigungen für gewerbliche Zwecke ist gemäß § 54 UrhG eine Vergütung an den Verlag zu zahlen, deren Höhe mit dem Verlag zu vereinbaren ist.

© by Springer-Verlag Berlin · Heidelberg 1980

Die Wiedergabe von Gebrauchsnamen, Warenbezeichnungen usw. in diesem Werk berechtigt auch ohne besondere Kennzeichnung nicht zu der Annahme, daß solche Namen im Sinne der Warenzeichen- und Markenschutzgesetzgebung als frei zu betrachten wären und daher von jedermann benutzt werden dürften.

Vorwort

Die in dem Lehrbuch BIOCHEMIE, Springer 1980, angewandte Lehrtechnik stützt sich 1. auf die Darstellung der grundlegenden Stoffwechselbiochemie und ihrer klinischen Bedeutung - unter Berücksichtigung des Gegenstandskatalogs für das Fach Physiologische Chemie -, 2. auf Übungen zum Wiederholen und gründlichen Durchdenken des Stoffs und 3. auf Prüfungsfragen entsprechend der Approbationsordnung (Typ AO, Institut für Medizinische und Pharmazeutische Prüfungsfragen, IMPP, Mainz) zur Kontrolle des Lehr- bzw. Selbstkontrolle des Lernerfolgs. Diese Techniken haben sich über mehrere Jahre bei großer Hörerzahl in einer Vorlesung mit Übungen in kleinen Gruppen und mit wöchentlichen anonymen computerausgewerteten Tests (10 Prüfungsfragen, bestens bewährt.

Die vorliegenden "Übungen und Prüfungsfragen BIOCHEMIE" sind daher ein integraler Bestandteil des Lehrbuchs BIOCHEMIE. Sie werden getrennt als Taschenbuch zur leichteren Handhabung und damit hoffentlich auch regelmäßigen Benutzung angeboten.

Die Übungen und Prüfungsfragen sind in die gleichen Sachgebiete wie die entsprechenden Kapitel des Lehrbuchs gegliedert. Dadurch sollte die Bearbeitung von Kapitelteilen und bei den Übungen das Auffinden der richtigen Lösung leicht möglich sein: die Antworten zu den Prüfungsfragen sind am Ende des Buchs angegeben.

Die Übungen sollten im Eigenstudium nach Möglichkeit in Diskussionsgruppen mit Kollegen oder in Seminaren unter Leitung eines Hochschullehrers bearbeitet werden. Die Erfahrung hat gezeigt, daß das Wiederholen, Durchdenken und Diskutieren des Stoffs anhand der Übungen einen entscheidenden Beitrag zur Sicherung von Verständnis und Examenswissen leisten. Die Prüfungsfragen dienen dem Dozenten zur Kontrolle des Lehrerfolgs und dem Studenten zur Selbstkontrolle des Lernerfolgs: sie sind für beide eine wertvolle Hilfe.

Göttingen und Freiburg, Juni 1979   Kurt Jungermann
                                           Hanns Möhler

Inhaltsverzeichnis

I Einführung in die Stoffwechselbiochemie

1 Funktionen des Stoffwechsels
   Übungen 1
   Prüfungsfragen 73

2 Kinetik und Regulation des Stoffwechsels
   Übungen 7
   Prüfungsfragen 83

II Stoffwechsel der Energieversorgung

3 Gewinnung "biologischer" Energie
   Übungen 13
   Prüfungsfragen 91

4 Verdauung und Substrataufnahme
   Übungen 17
   Prüfungsfragen 103

5 Bildung von Energiespeichern und Energiegewinnung in der Resorptionsphase
   Übungen 21
   Prüfungsfragen 113

6 Verwertung von Energiespeichern und Energiegewinnung in der Postresorptionsphase
   Übungen 27
   Prüfungsfragen 127

7 Endproduktausscheidung
   Übungen 39
   Prüfungsfragen 153

III Stoffwechsel der Arbeitsleistungen

8 Bildung und Erhaltung von Zell- und Organstrukturen
   Übungen 45
   Prüfungsfragen 163

9 Bereitstellung von Molekülen für spezielle
   Transport- und Signalprozesse
   Übungen 57
   Prüfungsfragen 191

10 Biologische Abwehr
   Übungen 63
   Prüfungsfragen 201

11 Kontraktion und Bewegung
   Übungen 67
   Prüfungsfragen 209

12 Kommunikation durch Neuronen
   Übungen 69
   Prüfungsfragen 215

   Antworten zu den Prüfungsfragen 223

Anleitungen zu den Prüfungsfragen

Fragetypen und Lösungsschemata entsprechen den Richtlinien des Instituts für Medizinische und Pharmazeutische Prüfungsfragen, IMPP, Mainz.

Typ A Einfachauswahl

A_1 Unter den gegebenen Antworten A-E ist die <u>richtige</u> auszuwählen. Nur eine Antwort ist richtig.

A_2 Aus den gegebenen Antworten A-E ist die <u>beste</u> auszuwählen.

A_3 Aus den gegebenen Antworten A-E ist die <u>falsche</u> auszuwählen. Nur eine Antwort ist falsch.

1 (A_1):   Welches Organ gibt freie Fettsäuren ans Blut ab?

    A Leber   D Herz
    B Fettgewebe   E Niere
    C Muskel

2 (A_3):   Welche Aussage ist falsch?
Cholesterol ....

    A wird an Lipoproteine gebunden transportiert
    B kann von der Leber aufgenommen und über die Galle ausgeschieden werden
    C ist die Vorstufe der Gallenfarbstoffe
    D kann in Vitamin D_3 umgewandelt werden
    E ist bei Insulinmangel häufig im Blut erhöht

Typ B Zuordnung

Die Angaben unter A-E sind den Angaben unter der Fragennummer richtig zuzuordnen, wobei nur eine richtige Antwort zutrifft. Nicht alle der fünf Angaben müssen als richtige Antworten vorkommen, einige können mehrfach richtig sein, andere zu gar keiner Frage passen.

3-5 (B):   Welche Stoffwechsellagen (Fragennummern) werden hauptsächlich durch welche Hormone gesteuert?

```
        3  Resorptionsphase
        4  Postresorptionsphase
        5  Motorische Aktivität

        A  Catecholamine      D  Vasopressin
        B  Glucagon           E  keins der ange-
        C  Insulin               gebenen Hormone
```

Typ C   Kausale Verknüpfung (WEIL-Fragen)

Die Frage besteht aus zwei Feststellungen (1 und 2), die durch das Wort WEIL verknüpft sind. Jede der beiden Feststellungen kann, unabhängig von der anderen, richtig oder falsch sein. Wenn beide Feststellungen richtig sind, kann die Verknüpfung durch das Wort WEIL richtig oder falsch sein. Für die Beantwortung gibt es die nachfolgend aufgeführten Möglichkeiten, die für alle Fragen vom Typ C gelten:

Antwort	Feststellung 1	Feststellung 2	Verknüpfung
A	richtig	richtig	richtig
B	richtig	richtig	falsch
C	richtig	falsch	falsch
D	falsch	richtig	falsch
E	falsch	falsch	falsch

6 (C): Im optischen Test wird bei 260 nm gemessen, weil in diesem Bereich das Absorptionsmaximum das Adeninteils der Pyridinukleotide liegt.

Typ D   Mehrfache Entscheidung (Kombination)

Auf eine Frage folgen vier Teilantworten 1-4. Jede der Teilantworten kann falsch oder richtig sein. Die Frage wird jedoch nur dann als richtig bewertet, wenn die zutreffende Kombination der Teilantworten angegeben wird. Die Frage ist somit nur mit einem der Buchstaben A-E zu beantworten. Das folgende Antwortschema gilt für alle Fragen vom Typ D:

Antwort

A	wenn die Teilantworten 1 + 2 + 3	zutreffen
B	wenn die Teilantworten 1 + 3	zutreffen
C	wenn die Teilantworten 2 + 4	zutreffen
D	wenn die Teilantwort 4	zutrifft
E	wenn die Teilantworten 1 + 2 + 3 + 4	zutreffen

7 (D): Welche Organe können Glucose nicht ans Blut abgeben?

```
        1  Muskel           3  Fettgewebe
        2  Leber            4  Niere
```

Typ E Bearbeitung von Graphiken und Tabellen

Bei diesem Fragentyp werden Graphiken oder Tabellen gezeigt. Daraus können dann Fragen vom Typ A, B oder D entwickelt werden.

8 (E,A): In der folgenden Skizze ist ein Fehler. Bei welchem Buchstaben?

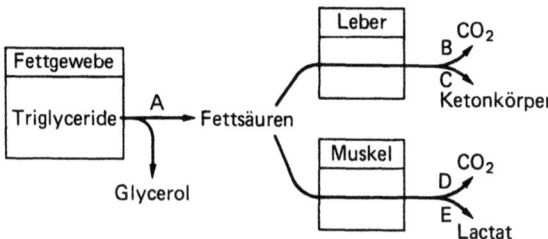

Lösungen der Fragenbeispiele

Frage	1	2	3	4	5	6	7	8
Antwort	B	C	C	B	A	D	B	E

1 Funktionen des Stoffwechsels

Übungen

Zellen als Energietransformatoren

1.01 Warum wird im Zellstoffwechsel immer Wärme frei?
1.02 Welche Substanz ist Träger der "biologischen" Energie?

Energiesubstrate, Energiespeicher

1.03 Die Energiesubstrate von Säugetieren gehören verschiedenen chemischen Substanzklassen an. Welchen? Geben Sie Beispiele und Formeln und erläutern Sie jeweils Struktur und Eigenschaften.
1.04 Welche Energiespeicherformen gibt es allgemein im Säugetier. Geben Sie für jede Speicherform an, in welcher Menge und in welchem Organ sie im Menschen vorkommt. Begründen Sie die Gewichtsrelationen.
1.05 In welchen molekularen Formen werden die Kohlenhydrate der Nahrung im Säugetier gespeichert?
1.06 Erläutern Sie die Glykosid-, Ester- und Peptid-Bindung. In welchen Energiespeichern kommen sie vor?

Stoffwechsellagen

1.07 Geben Sie für die Stoffwechsellagen "Resorption", "Postresorption" und "motorische Aktivität" die Haupthormone und die Hauptenergiesubstrate an. Aus welchen Daten läßt sich ableiten, was die Hauptenergiesubstrate sind?

1.08 Eine Studentin der Psychologie verfolgt minutiös ihr Gewicht. Abends nach der letzten Nahrungs- und Getränkeaufnahme und morgens vor dem ersten menschlichen Gang wiegt sie sich und stellt fest, daß sie über Nacht zugenommen hat. Sie ist verzweifelt und wendet sich vertrauensvoll an Sie (als Mediziner). Können Sie ihr helfen, indem Sie ihr erklären, daß

(a) alles mit rechten Dingen zugehe
(b) ihr Schlankheitsfimmel an Hysterie grenze und ihre naturwissenschaftliche Beobachtungsgabe bereits beeinträchtige
(c) ihr Freund heimlich die Heimwaage manipuliere, um sie zu ärgern.

(Lösungshinweis: RQ-Werte. Wasserverlust durch Schwitzen oder Atmung soll vernachlässigt werden).

1.09 Beschreiben Sie das Verhalten der Konzentrationen an Glucose und Fettsäuren im Blut im Tageswechsel "Resorption" - "Postresorption".

Stoffwechsel wichtiger Organe

1.10 Wie unterscheiden sich funktionell Leber- und Muskel-Glykogen?

1.11 Warum muß ein Säugetier in der Lage sein, aus Nicht-Kohlenhydraten Kohlenhydrate zu synthetisieren? Was sind die Substrate der Kohlenhydrat-Neusynthese? Welche Organe liefern sie aus welchen Verbindungen nach? Welche Organe katalysieren die Gluconeogenese?

1.12 Welche Prozesse laufen in der Leber gleichzeitig mit der Gluconeogenese ab?

1.13 Wie werden Glucose, Aminosäuren, Fettsäuren und Triglyceride im Blut transportiert?

1.14 Wie werden Glucose und L-Aminosäuren im Darm resorbiert bzw. in der Niere rückresorbiert?

1.15 Wie wird in Leber und Nierenrinde der bei der Gluconeogenese aus Aminosäuren freiwerdende Ammoniak weiter verarbeitet?

1.16 Welche Organe können Fettsäuren nicht zur Deckung des eigenen Energiebedarfs verwerten?

1.17 Wie unterscheiden sich Skelett- und Herzmuskel in ihrem Energiestoffwechsel?

1.18 Welche Unterschiede bestehen funktionell zwischen der Gluconeogenese in der Leber und in der Nierenrinde?

1.19 Welche Organe sind ausschließlich oder hauptsächlich auf Glucose als Energiesubstrat angewiesen?

Organspezifische Prozesse

1.20 Stellen Sie eine Übersicht über Stoffwechselwege zusammen, die praktisch, d.h. mit quantitativer Bedeutung, nur von einem Organ katalysiert werden.

1.21 Erläutern Sie die Organverteilung der Energiespeicher.

Wechselbeziehungen zwischen Organen

1.22 Beschreiben Sie Mechanismus und Funktion des Cori-Cyclus.

1.23 Welche Organe liefern bzw. verbrauchen Ketonkörper?

1.24 Welche Organe sind der Hauptlieferant bzw. der Hauptkonsument von Aminosäuren?

Bildung und Erhaltung von Zell- und Organstrukturen

1.25 Was versteht man unter dem dynamischen Zustand der Körperbestandteile?

1.26 Wie können subcelluläre Fraktionen von Zellen gewonnen werden?

1.27 Beschreiben Sie Aufbau und Funktion von Kern, Mitochondrien, Mikrosomen und Lysosomen.

1.28 Schreiben Sie die Strukturformel der angeführten Verbindungen und geben Sie jeweils an, in welchen Zellstrukturen und innerhalb dieser in welchen makromolekularen oder niedermolekularen Bestandteilen sie als Bausteine vorkommen.

Adenin	D-Galaktose
Guanin	Neuraminsäure
Cytosin	D-Glucuronsäure
Thymin	L-Hydroxyprolin
Ribose	Cholesterol
Desoxyribose	Sphingomyelin
D-Glucosamin	Lecithin
D-Galaktosamin	Cerebrosid

1.29 Beschreiben Sie das Watson-Crick Modell der DNA(DNS) und die heute gängige Vorstellung von der Struktur der DNA im Zellkern.

1.30 Wie unterscheiden sich Nucleoside und Nucleotide?

1.31 Sind die beiden Nucleinsäureketten der DNA(DNS) identisch? Begründen Sie Ihre Antwort.

1.32 Definieren Sie die Begriffe Genom-Replikation, Gen-Expression, Transcription und Translation.

1.33 Erläutern Sie Struktur und Eigenschaften von neutralen und polaren Lipiden.

1.34 Aus welchen Komponenten sind Biomembranen aufgebaut?

1.35 Beschreiben Sie das "Flüssig-Mosaik-Modell" von Biomembranen.

1.36 Welche Funktionen haben Biomembranen?

1.37 Was versteht man unter Primär-, Sekundär-, Tertiär- und Quartärstruktur von Proteinen?

1.38 Beschreiben Sie die α-Helixstruktur eines Polypeptids.

1.39 Welche Kräfte führen zur Ausbildung, welche zur Stabilisierung von α- und β-Proteinstrukturen?

1.40 Welche Kräfte führen zur Ausbildung von Protein-Protein-Komplexen?

1.41 Welche unterschiedlichen Funktionen können Proteine haben? Welche unterschiedlichen Eigenschaften können Proteine aufweisen?

1.42 Wieviel unterschiedliche Polypeptide können bei einer Kettenlänge von 50 Aminosäuren aus 20 Aminosäuren gebildet werden?

1.43 Welche Proteineigenschaft ist die molekulare Grundlage aller Regulationsprozesse?

1.44 Erklären Sie den Begriff Vitamine. Wie können sie klassifiziert werden?

1.45 Schreiben Sie die Strukturformel der Coenzyme, die im tierischen Organismus nicht de novo sondern nur ausgehend von Vitaminen synthetisiert werden können. Kennzeichnen Sie jeweils den Vitaminteil der Moleküle.

1.46 Erläutern Sie Struktur und Eigenschaften von Polysacchariden.

1.47 Skizzieren Sie den Aufbau eines Proteoglykans (Mucopolysaccharid-Proteins).

1.48 Welche Funktionen können Polysaccharide haben?

Bildung und Erhaltung des extra- und intracellulären Milieu

1.49 Welche Elektrolyte sind im Extracellularraum in weit höherer Konzentration als im Intracellularraum vorhanden? Geben Sie die Konzentrationen ungefähr an.

1.50 Geben Sie regulatorisch antagonistisch wirkende Kationenpaare an.

Synthese und Abbau von Molekülen mit Spezialfunktionen

1.51 Erklären Sie den Begriff Hormone. Wie können sie klassifiziert werden?

1.52 Klassifizieren Sie die Hormone chemisch. Geben Sie Beispiele für folgende Klassen: Proteine, Glykoproteine, Polypeptide, Aminosäuren-Derivate, Fettsäuren-Derivate, Steroide.

1.53 Geben Sie Bildungsort und Funktion von ACTH, Cortisol, Aldosteron, Insulin, Glucagon, Adrenalin und Antidiuretin an.

1.54 Welche Organe haben sowohl endokrine als auch exokrine Funktionen? Beschreiben Sie diese Funktionen.

Biologische Abwehr

1.55 Durch welche chemischen Prozesse werden niedermolekulare Fremdstoffe aus dem Organismus entfernt? In welchem Organ finden die Vorgänge statt?

1.56 Was versteht man unter humoraler und cellulärer Abwehr?

1.57 Skizzieren Sie kurz die Klon-Selektions-Theorie.

Kontraktion und Bewegung

1.58 Beschreiben Sie den Aufbau der kontraktilen Elemente der Muskelfaser (Gleitfilament-Modell).

1.59 Welcher Vorgang steuert Kontraktion und Relaxation des Muskels?

Kommunikation durch Neuronen

1.60 Erläutern Sie die molekularen Grundlagen (Aktionsströme, Transmitterfreisetzung) der Signalübertragung durch Neuronen.

1.61 Wie erfolgt die zur Verhinderung eines Dauerreizes notwendige "Inaktivierung" von Neurotransmittern? Geben Sie ein Beispiel.

2 Kinetik und Regulation des Stoffwechsels

Ü b u n g e n

Biochemische Regelkreise

2.01 Übertragen Sie das Modell eines technischen Regelkreises auf verschiedene Probleme der Stoffwechselregulation. Was fungiert im Organismus als Regelgröße, was als Regler, als Meßfühler, als Signal, als Stellglied.

Hauptaufgaben der Stoffwechselregulation

2.02 Definieren Sie an einem Beispiel die Begriffe Koordination und Integration von Stoffwechselwegen in einer Zelle.

2.03 Skizzieren Sie die wichtigsten Stoffwechselprozesse (Energieversorgung) in Leber, Muskel und Fettgewebe, die beim Übergang aus der Resorptions- in die Postresorptionsphase an- bzw. abgeschaltet werden.

Grundlagen der Kinetik

2.04 Enzyme sind in dreierlei Hinsicht hochspezifisch. Erläutern Sie diese Aussage.

2.05 Erläutern Sie Aufbau, Lokalisation und Eigenschaften des "aktiven Zentrums" eines Enzyms.

2.06 Was versteht man unter Isoenzymen?

2.07 Wie wird das Gleichgewicht einer Reaktion verschoben durch Erhöhung der Konzentration des Enzyms; das die betreffende Reaktion katalysiert?

2.08 In vivo gibt es in einem Stoffwechselprozeß Reaktionen, die sich in einem thermodynamischen Gleichgewicht befinden, und solche, für die sich ein Fließgleichgewicht eingestellt hat. Wie groß ist jeweils ΔG? Welche Reaktion ist regulierbar? Begründen Sie Ihre Antwort.

2.09 $\Delta G_o'$ der Hexokinase-Reaktion (Glucose + ATP → Glucose-6-phosphat + ADP) beträgt -3,4 kcal/mol. Berechnen Sie die Gleichgewichtskonstante K.

2.10 In welcher Richtung läuft die Fructosebisphosphat-Aldolase-Reaktion - Fructosebisphosphat (FBP) → Glycerinaldehydphosphat (GAP) + Dihydroxyacetonphosphat (DHAP) - ab, wenn folgende Metabolit-Konzentrationen gemessen werden? (FBP) = 10 µmol/l; (GAP) = 10 µmol/l; (DHAP) = 180 µmol/l; $\Delta G_o^! = +5{,}7$ kcal/mol.

2.11 Was sind die Kennzeichen einer Reaktion nullter, erster und zweiter Ordnung?

2.12 Welche Teilschritte weist eine Enzymreaktion auf? Welcher Schritt ist normalerweise limitierend?

2.13 Leiten Sie die Geschwindigkeitsgleichung einer einfachen enzymkatalysierten Reaktion ab.

2.14 Von welchen vier Faktoren ist eine enzymkatalysierte Reaktion abhängig? Geben Sie die Art der Abhängigkeit an (linear, hyperbolisch oder parabolisch).

2.15 Definieren Sie folgende Größen: K_M-Wert, Enzymeinheit, Enzymaktivität und spezifische Enzymaktivität. Wie werden diese Größen experimentell bestimmt?

2.16 Wie ändert sich der K_M-Wert, wenn in die Bestimmung die doppelte bzw. die halbe Enzymmenge eingesetzt wird?

2.17 Wie ändern sich die Größen K_M und V_{max} bei kompetitiver und bei nicht-kompetitiver Hemmung?

2.18 Wie ändert sich die Reaktionsgeschwindigkeit einer enzymkatalysierten Reaktion mit der Temperatur? Vergleichen Sie hierzu die Lebensaktivität wechselwarmer Tiere (Insekten, Amphibien, Reptilien) in Abhängigkeit von der Außentemperatur.

2.19 Warum sind Enzymreaktionen pH-abhängig?

Enzyme der Kontrollelemente

2.20 Erläutern Sie das "Schlüssel-Schloß"- und das "Induzierte Passung"-Modell für die Wechselwirkung zwischen Enzym und Substrat. Welches Modell ist besonders nützlich für das Verständnis der Mechanismen der Stoffwechselregulation?

2.21 Aufgrund welcher Eigenschaften können einfache Enzyme zusammen mit ihren Substraten und Produkten schon kleine Regelkreise bilden?

2.22 Welche Arten von Bindungsstellen besitzen einfache, welche regulatorische Enzyme zur Eingabe von Signalen?

2.23 Was ist die molekulare Grundlage für die Veränderung eines Stellgliedes wie Affinität oder Aktivität?

Signalsubstanzen als Moleküle mit begrenzter Lebenszeit

2.24 Warum müssen Effektoren und Hormone eine begrenzte Lebenszeit haben? Welche Mechanismen sorgen <u>in vivo</u> für eine endliche Lebenszeit der Signalsubstanzen? Geben Sie Beispiele.

Mechanismen der Stoffwechselregulation

2.25 Erklären Sie die physiologische Bedeutung der Selbstregulation am Beispiel der Glucokinase-Reaktion.

2.26 Was versteht man unter Cooperativität? Welche Vorstellung hat man über das Zustandekommen des Effektes? Welche molekulare Bedeutung hat der Cooperativitätskoeffizient?

2.27 Zeichnen Sie ein Michaelis-Menten-Diagramm für ein "hyperboles" Enzym (n = 1) und für ein "sigmoides" Enzym (n = 3). Vergleichen Sie die Empfindlichkeit R beider Enzyme in bezug auf die Selbstregulation durch die Substratkonzentration. (V = 1 μmol/min; K_M = 1 mmol/l).

2.28 In welchem Konzentrationsbereich, bezogen auf den K_M-Wert arbeiten "hyperbole" und "sigmoide" Enzyme mit größter Empfindlichkeit?

2.29 Erläutern Sie die Begriffe isosterische und allosterische Hemmung.

2.30 Warum haben die allosterisch regulierten Enzyme meist eine sigmoide Kinetik?

2.31 Erklären Sie das Prinzip der allosterischen Regulation vom K-Typ an einem Beispiel.

2.32 Ein allosterischer Aktivator erhöhe bei einem sigmoiden Enzym (n = 3) die Affinität (K_M = 1 mmol/l) auf das Doppelte (K'_M = 0,5 mmol/l). Stellen Sie v als Funktion von (S) für beide K_M-Werte graphisch dar. Stellen Sie dann die relative Steigerung der Reaktionsgeschwindigkeit (v mit Aktivator/v ohne Aktivator) als Funktion der Substratkonzentration (S) graphisch dar. In welchem Bereich ist die Allosterische Regulation vom K-Typ am wirksamsten?

2.33 In Gegenwart eines Inhibitors hat ein Enzym eine "sigmoide" Kinetik (n = 2; K_M = 1 mmol/l). In Abwesenheit des Inhibitors ist die Affinität auf das Vierfache erhöht, entweder unter Beibehaltung (n = 2, K_M = 0,25 mmol/l) oder unter Aufhebung der "sigmoiden" Kinetik (n = 1, K_M = 0,25 mmol/l). Stellen Sie v als Funktion von (S) graphisch dar. In welchem Bereich ist der Übergang "sigmoid" → "sigmoid" wirksamer als der Übergang "sigmoid" → "hyperbolisch"?

2.34 Was versteht man unter der Energieladung der Zelle? Erklären Sie, wie die Energieladung den Energie- und den Leistungsstoffwechsel integriert.

2.35 Skizzieren Sie in einem Michaelis-Menten-Diagramm die Kinetik bei der allosterischen Aktivierung vom K-Typ und vom V-Typ (je zwei Kurven mit und ohne Aktivator).

2.36 Ein Enzym soll durch enzymgesteuerte chemische Modifikation aktiviert werden. Dabei ändere sich k_2 von 30 min^{-1} auf 150 min^{-1} und der K_M von 0,2 mmol/l auf 0,1 mmol/l. Um welchen Faktor ändert sich die Reaktionsgeschwindigkeit v bei konstanter Substratkonzentration von 50 µmol/l bzw. 500 µmol/l? Stellen Sie die Situation graphisch durch Auftragen von v als Funktion von (S) dar.

2.37 Welche Vorteile hat die Zwischenschaltung eines modifizierenden Enzyms zwischen Signal (Effektor) und Stellglied (Enzymaktivität)?

2.38 Was versteht man unter reziproker Kontrolle?

2.39 Was versteht man unter kontrollierter und limitierter Proteolyse?

2.40 Erläutern Sie an einem Beispiel die unterschiedlichen Möglichkeiten, die Enzymkonzentration durch kontrollierte Proteosynthese und Proteolyse zu verändern.

2.41 In einem Stoffwechselweg sei das limitierende Enzym mit 5 Einheiten (µmol/min) vertreten. Wieviel Einheiten Enzym müssen bei konstanter Substratkonzentration (S) = 0,2 K_M (K_M = 1 mmol/l) zusätzlich gebildet werden, wenn der Flux, d.h. die Geschwindigkeit v, auf das Vierfache gesteigert werden soll? Wieviel Einheiten müssen entfernt werden, wenn der Flux auf ein Fünftel reduziert werden soll? Welchen Einfluß hat die Substratkonzentration auf das Ergebnis? Stellen Sie die Situation graphisch durch Auftragen von v als Funktion von (S) bei den verschiedenen Enzymmengen dar.

2.42 Von welchem Faktor ist die Geschwindigkeit der Enzymspiegeladaptation abhängig?

2.43 Geben Sie für folgende Enzyme die Halblebenszeit an: Ornithin-Decarboxylase, Phosphoenolpyruvat-Carboxykinase, Glucokinase, Lactat-Dehydrogenase, Glucose-6-phosphat-Dehydrogenase.

2.44 Welche Regulationstypen scheinen besonders für die Koordination und Integration, welche für die An- und Abschaltung von Stoffwechselwegen geeignet? Begründen Sie Ihre Antwort.

3 Gewinnung „biologischer" Energie

Ü b u n g e n

Zellen als Energietransformatoren II

3.01 Was versteht man unter freier Energie, Enthalpie und Entropie? Definieren Sie die Begriffe exergon und endergon sowie exotherm und endotherm.

3.02 Warum ist das Konzept der Kopplung von Energie- und Leistungsstoffwechsel durch "energiereiche" Verbindungen mit Hydrolysepotential nur ein nützlicher Formalismus?

3.03 Was versteht man unter "energiereichen" Verbindungen?

3.04 Unterscheiden Sie die Begriffe "energiereiche" Verbindung und Bindungsenergie.

3.05 Welchen chemischen Substanzklassen gehören die im Energiestoffwechsel fungierenden "energiereichen" Verbindungen an? Formulieren Sie je ein Beispiel.

3.06 Phosphoenolpyruvat ist eine "energiereiche" Verbindung; sie steht über die Pyruvat-Kinase mit dem ATP-System in einem enzymgesteuerten Fließgleichgewicht. Warum führt die Pyruvat-Kinase Reaktion nicht zu einer Neusynthese von ATP aus ADP?

3.07 Ordnen Sie die "energiereichen" Verbindungen unter funktionellen Gesichtspunkten (z.B. Beteiligung im Energie- oder Leistungsstoffwechsel; Bildung aus einer nicht-"energiereichen" Verbindung de novo oder einer schon-"energiereichen" Verbindung de dato).

3.08 $\Delta G_o'$ der Hydrolyse von 1,3-Bisphosphoglycerat zu 3-Phosphoglycerat und P_a beträgt -12 kcal/mol = 50 kJ/mol, $\Delta G_o'$ der Hydrolyse von Glucose-6-phosphat zu Glucose und P_a -3,5 kcal/mol = 14,7 kJ/mol. Können Sie aus diesen Daten ableiten, welche Verbindung stabiler ist? Inwiefern ist Stabilität bzw. Instabilität ein Kriterium für die biologische Verwertbarkeit einer "energiereichen" Verbindung?

3.09 Warum benötigt jede Zelle eine Adenylatkinase und eine anorganische Pyrophosphatase? Skizzieren Sie die von den beiden Enzymen katalysierten Reaktionen.

3.10 Formulieren Sie je 2 Beispiele für Prozesse, die ATP unter Bildung von (a) ADP, (b) AMP oder Pyrophosphat und (c) covalent gebundenem Adenosin und Triphosphat verbrauchen.

Organisation des Energiestoffwechsels

3.11 In welche Teilprozesse läßt sich ein chemotropher Energiestoffwechsel aufteilen? An welchen Teilprozeß sind Substratstufenphosphorylierungen, an welchen Elektronentransportphosphorylierungen gekoppelt? Warum?

3.12 Wie unterscheiden sich ein intermolekularer und ein intramolekularer Energiestoffwechsel?

3.13 In welche Stufe läßt sich die Substratdehydrierung des Energiestoffwechsels unterteilen?

3.14 Was ist das erste dem Abbau von Kohlenhydraten, Fettsäuren und Aminosäuren gemeinsame Zwischenprodukt? In welchem Zellkompartiment wird es gebildet?

3.15 Welche Substanzklassen können vom Menschen unter anaeroben Bedingungen zur Energiegewinnung herangezogen werden; welche können es nicht? Geben Sie eine Begründung.

ATP-Gewinnung in homogenen Systemen
(Substratstufen-Phosphorylierung)

3.16 Aus welchen Teilprozessen besteht eine Substratstufenphosphorylierung? Skizzieren Sie ein Beispiel und geben Sie die intracelluläre Lokalisation an.

3.17 Formulieren Sie den Mechanismus der Glycerinaldehydphosphat-Dehydrogenase Reaktion. Erklären Sie, warum Jodacetat die Reaktion und damit die gesamte Glykolyse hemmt und warum Arsenat die Neubildung des "energiereichen" Zwischenproduktes 1,3-Bisphosphoglycerat verhindert und damit Substratdehydrierung und Phosphorylierung entkoppelt, ohne die Glykolyse zu hemmen.

3.18 Formulieren Sie den Mechanismus der α-Ketoglutarat-Dehydrogenase Reaktion. Aus welchen Teilenzymen besteht der Multienzymkomplex? Welche Cofaktoren sind an der Reaktion beteiligt? Geben Sie die intracelluläre Lokalisation der Reaktion an.

3.19 An den beiden Substratstufenphosphorylierungen im höheren Organismus sind die Glycerinaldehydphosphat-Dehydrogenase, die 3-Phosphoglycerat-Kinase, der α-Ketoglutarat-Dehydrogenase Komplex und die Succinatthiokinase beteiligt. Bei allen 4 Enzymreaktionen wird ein covalenter Enzymsubstratkomplex als Zwischenprodukt gebildet. Formulieren Sie diese covalenten Enzymsubstratkomplexe.

ATP-Gewinnung in heterogenenen Systemen
(Elektronentransport-Phosphorylierung)

3.20 Wie unterscheiden sich submitochondriale Partikel und Elementarpartikel in ihren strukturellen und katalytischen Eigenschaften?

3.21 Die Atmungskette in Säuger-Mitochondrien enthält 4 bzw. 5 Lipoproteinkomplexe, die die Eigenschaften von Oxidoreductasen haben. Skizzieren Sie die von den einzelnen Komplexen katalysierten Reaktionen unter Angabe der beteiligten Cofaktoren.

3.22 Am Aufbau der Komplexe sind 3 Arten von Redox-Proteinen (Redoxinen) beteiligt. Formulieren Sie die jeweils beteiligten redox-aktiven prosthetischen Gruppen dieser Proteine.

3.23 Wie unterscheiden sich Häm A, B und C?

3.24 Nach welchem Prinzip scheinen die einzelnen Redox-Träger in der Atmungskette angeordnet zu sein?

3.25 Welche Dehydrogenasen liefern im Mitochondrium NADH als Substrat der Atmungskette? Geben Sie jeweils an, ob sie in den Abbau von Kohlenhydraten, Aminosäuren oder Fettsäuren eingeschaltet sind und ob sie in der inneren Membran oder in der Matrix lokalisiert sind.

3.26 An welchen Stellen der Atmungskette ist der Elektronentransport mit der Phosphorylierung gekoppelt?

3.27 Was versteht man unter Atmungskontrolle? Welche Funktionszustände der Mitochondrien ergeben sich durch unterschiedliche Substrat-Limitierung der Atmungskette?

3.28 Beschreiben Sie die unterschiedliche Wirkungsweise der 3 Arten von Inhibitoren der Atmungskette. Wie unterscheiden sich Hemmstoffe von Entkopplern? Geben Sie je ein Beispiel.

3.29 Warum wird die Hemmung des Elektronentransports durch Oligomycin von Entkopplern wie Dinitrophenol wieder aufgehoben?

3.30 Warum ist Cyanid in vivo ein Inhibitor der Zellatmung und Kohlenmonoxid ein Hemmstoff des Sauerstofftransports?

3.31 Was versteht man unter dem P/O-Quotienten? Wie kann er einfach bestimmt werden?

3.32 Mit welchem mechanischen Modell läßt sich das Fließgleichgewicht der Atmungskette vergleichen? Wie ändert sich der Redoxzustand der Redox-Träger im Fließgleichgewicht bei Hemmung des Elektronentransports (a) auf der Sauerstoff- und (b) auf der Donorseite? Was versteht man unter einem "Crossover"-Punkt?

3.33 Wie können in der Atmungskette die Kopplungsstellen zwischen Elektronentransport und Phosphorylierung lokalisiert werden?

3.34 Grenzen Sie die chemische, die chemiosmotische und die Konformationshypothese der ATP-Gewinnung in der Atmungskette gegeneinander ab. Geben Sie vor allem die unterschiedlichen Arten der "energiereichen" Zwischenprodukte und die verschiedenen Funktionen der Membran an.

3.35 Auf welchen 3 Annahmen basiert die chemiosmotische Hypothese?

3.36 Welche Redox-Träger fungieren möglicherweise als Wasserstoff-, welche als Elektronen-Träger?

3.37 Skizzieren Sie einen einfachen molekularen Mechanismus für die Bildung von ATP aus ADP und Phosphat, die durch vektorielle Protonisierung von Phosphat ermöglicht wird.

3.38 Durch welchen Mechanismus entkoppeln entsprechend der chemiosmotischen Hypothese CCCP oder Dinitrophenol sowie Valinomycin die Atmungskette?

3.39 Welchen chemischen Substanzklassen sind die Inhibitoren bzw. Entkoppler Rotenon, Antimycin, Oligomycin, Atractylosid, Dicumarol und Valinomycin zuzuordnen?

3.40 Welche 5-6 wichtigen Befunde stützen die chemiosmotische Hypothese?

3.41 Stellen Sie die Energiebilanz für die Oxidation von NADH- und Succinat-Wasserstoff in der Atmungskette auf. E_O' (NADH/NAD$^+$) = -320 mV; E_O' (Succinat/Fumarat) = +30 mV; $\Delta G_O'$ (ATP-Hydrolyse) = -8,2 kcal/mol = 34,4 kJ/mol.

3.42 Welche Metallproteine sind an der Atmungskette beteiligt? Wirken sie als Wasserstoff- oder als Elektronen-Träger?

4 Verdauung und Substrataufnahme

Übungen

Nahrungswert und Nahrungsbedarf

4.01 Mit welchen Nahrungsmitteln nehmen Sie Glykogen, Stärke, Saccharose, Lactose, Proteine, Triglyceride und essentielle Fettsäuren zu sich?

4.02 Klassifizieren Sie die aufgeführten Nahrungsstoffe unter funktionellen Gesichtspunkten und geben Sie die Austauschbarkeit an: Glykogen, Galaktose, Alanin, Leucin, Methionin, Cholin, Cholesterol, Adenin, Linolsäure, Calcium, Chlorid, Vitamin B_{12}.

4.03 Schätzen Sie Ihren täglichen Energiebedarf ab und überprüfen Sie, ob Sie sich im Schnitt hypo-, iso- oder hypercalorisch ernähren, anhand der Tabelle "Gehalt von Nahrungsmitteln an Nahrungsstoffen" und "Täglicher Energiebedarf bei verschieden schwerer Arbeit".

4.04 Welche Nahrungsmittel sind die Hauptlieferanten für die Vitamine A, B-Komplex, C und D?

Verdauungssekrete

4.05 Wie unterscheiden sich Magensaft und Pankreassaft bezüglich des Gehalts an Mineralien und Proteinen?

4.06 Welche sekretorischen Funktionen hat das exokrine Pankreas? Wie werden sie gesteuert?

Verdauung der Nahrungsstoffe

4.07 Warum werden vom Organismus die polymeren Nahrungsstoffe nicht direkt, sondern erst nach Abbau zu den Monomeren resorbiert?

4.08 Welche Enzyme katalysieren die Verdauung von Proteinen? In welchen Organen werden sie gebildet?

4.09 Welche Enzyme werden durch limitierte Proteolyse aktiviert? Skizzieren Sie ein Beispiel. Warum ist dieser Mechanismus zur Aktivierung bestimmter Verdauungsenzyme unbedingt notwendig?

4.10 Skizzieren Sie die Verdauung von Stärke. Welche Organe liefern die abbauenden Enzyme? Was ist das Hauptendprodukt der Verdauung?

4.11 Erläutern Sie die physikalischen und biochemischen Vorgänge bei der Verdauung von Triglyceriden.

Resorption der Nahrungsstoffe

4.12 Erklären Sie die Funktion und Wirkungsweise der Natrium-Pumpe in Enterocyten.

4.13 Vergleichen Sie die Resorption von Monoglyceriden, Maltose und Glucose (Mechanismus und Klassifizierung "aktiver" oder "passiver" Transport).

4.14 Für Aminosäuren gibt es offenbar zwei von einander abhängige Resorptionsmechanismen. Welche?

4.15 Erläutern Sie mögliche Mechanismen bei der Resorption von Elektrolyten (Na^+, K^+, Cl^-, HCO_3^-, $H_2PO_4^-$).

4.16 Wie fördert Vitamin D die Calcium-Resorption?

4.17 Welche Funktion hat die Ferrioxidase bei der Eisen-Resorption?

4.18 Skizzieren Sie den Sauerstoff-Transport von der Lunge zu den Geweben. Warum kann O_2 in der Lunge aufgenommen und in den Geweben vom Hämoglobin wieder abgegeben werden?

4.19 Welche Faktoren führen zu einer Rechts-, welche zu einer Linksverschiebung der O_2-Sättigungskurve des Hämoglobin?

4.20 1 g Hämoglobin bindet maximal 1,34 ml O_2. Wie groß ist daher die O_2-Transportkapazität des Bluts bei einem 70 kg schweren Mann?

4.21 Warum kann bei schwerer körperlicher Arbeit die Muskulatur besser mit O_2 versorgt werden (hämodynamische und biochemische Effekte)?

4.22 Skizzieren Sie die Bildung von Methämoglobin und oxidiertem Glutathion. Mit welchen Reduktionsmitteln werden sie in vivo reduziert?

4.23 Mit Hilfe welcher Enzyme werden im Erythrocyten das Superoxidradikalanion (O_2^{-}) und Wasserstoffsuperoxid (H_2O_2) entfernt? Formulieren Sie die Enzymreaktionen.

4.24 Vergleichen Sie die Mechanismen einer CO- und einer CN^--Vergiftung.

4.25 Wie wird eine CO- und eine CN^--Vergiftung behandelt? Begründen Sie Ihre Antwort.

Maldigestion-Malabsorption

4.26 Wie kann die Diarrhoe bei Malassimilation erklärt werden?

4.27 Warum ist Malabsorption von Fetten der beste allgemeine Hinweis auf eine Erkrankung des Verdauungsapparates?

4.28 Mit welcher Sekundärerkrankung ist bei chronischer Pankreatitis zu rechnen?

4.29 Wie kann eine chronische Pankreatitis diagnostiziert werden? Erläutern Sie die molekularen Grundlagen der Symptome und der diagnostischen Maßnahmen.

4.30 Welche therapeutischen Maßnahmen sind bei chronischer Pankreatitis angezeigt? Welche Ursachen kann eine Maldigestion, welche eine Malabsorption haben?

4.31 Welche Erkrankungen führen sekundär zu einer cholegenen Maldigestion?

4.32 Warum können Malabsorptionen, die auf Proteindefekte der Mucosazellmembran zurückgehen, oft durch Urinanalysen diagnostiziert werden?

4.33 Welche Funktion hat der Magen bei der Resorption von Vitamin B_{12}?

Akute Pankreatitis

4.34 Erläutern Sie bei der akuten Pankreatitis die biochemischen Grundlagen für lokale Effekte wie Autolyse des Pankreas, Bildung von Kalkspritzern und Entstehung eines Calciummangels und auch für periphere Effekte wie Blutdruckabfall und Volumenmangel (Kreislaufschock).

4.35 Mit welcher Sekundärerkrankung ist bei einer akuten Pankreatitis zu rechnen?

4.36 Welche klinisch-chemischen Befunde stützen die Diagnose "Akute Pankreatitis"?

4.37 Erläutern Sie die Grundzüge einer rationalen Therapie bei einer akuten Pankreatitis.

Hämoglobinopathien

4.38 Welche unterschiedlichen Ursachen können einer angeborenen Methämoglobinämie zugrunde liegen?

4.39 Erläutern Sie die Pathogenese einer Polycythämie, die durch ein abnormes Hämoglobin verursacht wird.

4.40 Welche Molekülkomponenten sind für die Stabilität des Hämoglobin wichtig? Zu welchem Krankheitsbild kommt es bei verminderter Hämoglobin-Stabilität?

4.41 Skizzieren Sie die Pathogenese der Sichelzell-
     anämie. Unter welchen Bedingungen kann Hämoglobin S
     zu langen Filamenten aggregieren? Wie kann man
     therapeutisch die Sichelzellbildung weitgehend
     unterbinden?

5 Bildung von Energiespeichern und Energiegewinnung in der Resorptionsphase

Übungen

Organspezifischer Substratfluß nach einer "Mahlzeit"

5.01 Nennen Sie die quantitativ wichtigen Endprodukte des Kohlenhydrat-Stoffwechsels in der Resorptionsphase.

5.02 Skizzieren Sie den Weg der Nahrungs-Aminosäuren in die Energiespeicherbildung und in die Energieproduktion des Organismus.

5.03 Berechnen Sie, wieviel kcal ein Durchschnittsmensch (männlich, 70 kg) in Form von Triglyceriden, Protein und Glykogen gespeichert hat.

5.04 Erläutern Sie beim Stickstoff-Stoffwechsel die Begriffe Normalbilanz, Bilanzminimum und endogenes Minimum.

5.05 Wie unterscheidet sich der Substratfluß in der Situation "Mahlzeit-Ruhe" von dem in der Phase "Mahlzeit-Arbeit"?

5.06 Welche Organe sind an der Verwertung von Nahrungsfett beteiligt? Skizzieren Sie die Zusammenhänge.

5.07 Welche Organe können Glucose zu Fett umwandeln?

Stoffwechselsteuerung durch Insulin

5.08 Wie wird die Sekretion von Insulin unter physiologischen Bedingungen gesteuert?

5.09 Warum sollen Glucose-Belastungstests enteral und nicht parenteral durchgeführt werden?

5.10 Als biologische Signalsubstanz muß Insulin eine begrenzte Lebenszeit haben. Wie wird es inaktiviert und abgebaut?

5.11 Vergleichen Sie die Wirkungen von Insulin an Leber und Muskel.

5.12 In welchen Organen wird die Glucose-Aufnahme durch Insulin nicht stimuliert? Können Sie jeweils eine Begründung vorschlagen?

5.13 Welche Komponenten sind für den Mechanismus der Insulinsekretion oder allgemein der Ausschüttung cellulär gespeicherter Substanzen von Bedeutung?

5.14 Worin besteht die Doppelstrategie der Insulin-Wirkung?

5.15 Welche Mechanismen werden für die Insulin-Wirkung an den einzelnen Organen vermutet?

Energiespeicherung durch Polymerisation monomerer Substrate

Glykogen-Synthese

5.16 Warum werden "aktivierte" Monosaccharide zur Bildung von Glykosiden benötigt?

5.17 Beschreiben Sie die Glykogen-Synthase-Reaktion. Geben Sie die erforderlichen Substrate und die Produkte an.

5.18 Wie wird bei der Glykogen-Synthese die Verzweigung eingeführt?

5.19 Wie unterscheiden sich Glucokinase und Hexokinase in bezug auf ihre katalytischen Eigenschaften, Organvorkommen und Induzierbarkeit?

5.20 Skizzieren Sie die Einschleusung von Fructose und Galaktose in die Glykogen-Synthese (Leber).

5.21 Wieviel mol ATP (="energiereiches" Phosphat) muß pro mol Glucose bei der Speicherung zu Glykogen in der Leber (Fremdbedarf) und im Muskel (Eigenbedarf) aufgebracht werden?

Triglycerid-Neusynthese

5.22 Die Umwandlung von Glucose in Triglycerid läßt sich in 6 Abschnitte unterteilen. Skizzieren Sie die einzelnen Abschnitte.

5.23 Bei welchen Zwischenprodukten finden Fructose und Lactat Anschluß an die Liponeogenese?

5.24 Skizzieren Sie die z.Zt. diskutierten Mechanismen für den Transport von Acetyl-CoA aus den Mitochondrien ins Cytoplasma.

5.25 Beschreiben Sie die Arbeitsweise des Fettsäuren-Synthase-Multienzymkomplexes.

5.26 Welche Rolle haben die Acetyl-CoA-Carboxylase und die Fettsäuren-Thiokinase bei der Liponeogenese?

5.27 Vergleichen Sie die prosthetische Gruppe des Acyl-Carrier-Protein in der Fettsäure-Synthase mit Coenzym A.

5.28 Wie und in welchem Zellkompartiment kann eine Doppelbindung in eine gesättigte Fettsäure eingeführt werden (Desaturierung)?

5.29 Wie unterscheiden sich die mikrosomale und die mitochondriale Veränderung von Fettsäuren?

5.30 Warum sind Linolsäure (C_{18}, $\Delta^{9,12}$) und Linolensäure (C_{18}, $\Delta^{9,12,15}$) "essentielle" Fettsäuren?

5.31 Welche Prozesse liefern die zur Fettsäuren-Synthese benötigten Reduktionsäquivalente?

5.32 Welche Funktionen hat der Pentosephosphatweg? In welchen Zellen sollte er besonders aktiv ausgeprägt sein?

5.33 Insulin kann an isoliertem Fettgewebe getestet werden. Dabei wird die Bildung von $^{14}CO_2$ aus 1-^{14}C-Glucose in Gegenwart und in Abwesenheit von Insulin als Maß für die Aktivität gewertet. Warum ist dieser Test sinnvoll?

5.34 Welches Kohlenhydrat-Bruchstück überträgt die Transketolase, welches die Transaldolase?

Triglycerid-Resynthese

5.35 Skizzieren Sie die Bildung von Chylomikronen im Darm und von Prä-ß-Lipoproteinen in der Leber.

5.36 Wie werden Triglyceride vom Fettgewebe aufgenommen und gespeichert?

5.37 Wie könnte man auf molekularer Ebene erklären, daß eine Hemmung der Proteinsynthese in der Leber zu einer Leberverfettung führt?

5.38 Wie wird in Leber und Fettgewebe das für die Triglycerid-Synthese benötigte Glycerolphosphat bereitgestellt?

5.39 Wie unterscheidet sich die Triglycerid-Synthese in Darm, Leber und Fettgewebe?

Regulation der Energiespeicherbildung

5.40 Erläutern Sie das Prinzip der reziproken Kontrolle am Beispiel der Umschaltung von Glykogen-Abbau auf Glykogen-Synthese. Skizzieren Sie dabei die Rolle der regulatorischen Kinasen bzw. Phosphatasen und deren Steuerung durch Substrate/Produkte und Hormone. Berücksichtigen Sie mögliche Organunterschiede.

5.41 Welche Regulationsmechanismen sind kurzfristig für die An- und Abschaltung sowie für die Koordination und Integration von Stoffwechselwegen, welche langfristig für ihre Adaptation an außergewöhnliche Belastungen besonders geeignet?

5.42 Durch welche Effektoren wird die Protein-Kinase des Pyruvat-Dehydrogenase-Komplexes gesteuert? Erläutern Sie, ob diese Effekte physiologisch sinnvoll erscheinen.

5.43 Die Aktivität der Pyruvat-Dehydrogenase ist in vielen Organen (Ausnahme ZNS) der Konzentration an freien Fettsäuren im Blut umgekehrt proportional. Erklären Sie die molekularen Grundlagen und die physiologische Bedeutung dieses Zusammenhangs.

5.44 Stellen Sie in Form einer kleinen Tabelle die Enzyme zusammen, deren Aktivität durch Insulin direkt oder indirekt erhöht bzw. erniedrigt wird. Geben Sie an, in welchen Organen die Aktivitätsveränderung von Bedeutung ist und, soweit bekannt, was die molekulare Grundlage der Aktivitätsveränderung ist.

5.45 Erläutern Sie die Rolle der Acetyl-CoA-Carboxylase bei der Koordination der Liponeogenese.

5.46 Warum wird weithin angenommen, daß die Insulinabhängige Glucose-Aufnahme die Einspeicherung von Nahrungsfett ins Fettgewebe steuern könnte?

5.47 Wie wird die Bereitstellung von NADPH im Pentosephosphatweg reguliert?

5.48 Stellen Sie die nach Kohlenhydratmast "induzierten" Enzyme in Gruppen nach ihrer Stoffwechselfunktion zusammen.

Energiegewinnung durch Abbau monomerer Substrate

Kohlenhydrat-Abbau

5.49 Wie unterscheidet sich die Glucose-Verwertung in der Leber von der in Muskel und Fettgewebe?

5.50 Skizzieren Sie die Verwertung von Fructose und Galaktose unter Angabe der beteiligten Organe.

5.51 Skizzieren Sie die NADH- und NADPH-Produktion bei anaerober Verwertung von Glucose in Erythrocyten. Wozu werden NADH und NADPH benötigt?

5.52 Schreiben Sie die Reaktionsgleichungen folgender Kinasen: Hexokinase, Phosphofructokinase, 3-Phosphoglycerat-Kinase, Pyruvat-Kinase, Acetat-Thiokinase, Succinat-Thiokinase.

5.53 Schreiben Sie die Reaktionsgleichungen folgender Dehydrogenasen (DH): Glucose-6-phosphat-DH,

Glycerinaldehydphosphat-DH, Pyruvat-DH, Isocitrat-DH, Succinat-DH, Malat-DH, Malat-Enzym (= Malat-Dehydrogenase, decarboxylierend).

5.54 An welchen Enzymreaktionen ist Thiaminpyrophosphat, an welchen FAD als enzymgebundener Cofaktor beteiligt?

5.55 Von einem Fläschchen mit radioaktiv markierter Glucose ist das Etikett verloren gegangen. Die Glucose wird daraufhin über den Embden-Meyerhof-Weg zu Lactat abgebaut. Die weitere Analyse ergibt, daß im Lactat nur die Carboxyl-Gruppe markiert ist. Wie muß das Fläschchen beschriftet werden?

5.56 Wieviel mol Glucose müssen zusätzlich zu CO_2 abgebaut werden, damit Glucose (a) zu Glykogen polymerisiert werden oder (b) zu Glyceroltripalmitat umgewandelt werden kann?

5.57 Was ist das Endprodukt der Glykolyse im Erythrocyten, wenn NADH zur Reduktion von Methämoglobin verwendet wird?

5.58 Nennen Sie 4 wichtige Reaktionsschritte der Glucoseverwertung in Erythrocyten und begründen Sie deren Bedeutung für eine normale Erythrocytenfunktion.

5.59 Was versteht man unter anaplerotischen Reaktionen? Vergleichen Sie die Funktion des Citrat-Cyclus in Erythroblasten, Muskel und Leber.

Regulation der Energiegewinnung

5.60 Welche Organe schalten beim Übergang zur Postresorptionsphase nicht von Glucose- auf Fettsäuren-Verwertung um?

5.61 Geben Sie eine molekulare Erklärung für die Hemmung der Glucose-Oxidation durch Fettsäuren in Herz und Muskel.

5.62 Wie wird der Glucose-Abbau einschließlich des Citrat-Cyclus als Energie-liefernder Prozeß an den Energie-Verbrauch angepaßt, d.h. in den Gesamtstoffwechsel integriert?

Angeborene Störungen im Kohlenhydrat-Stoffwechsel

5.63 Wieviel Erythrocyten werden von einem 70 kg schweren Mann täglich gebildet?

5.64 Was versteht man unter einer hämolytischen Anämie. Welche unterschiedlichen Ursachen kann sie haben?

5.65 Erklären Sie das Auftreten eines Ikterus bei einem Defekt der Glucose-6-phosphat-Isomerase in den Erythrocyten.

5.66 Warum macht sich der Glucosephosphat-Isomerase-Defekt vor allem in Erythrocyten und nicht auch in anderen Organen bemerkbar?

5.67 Erklären Sie das Auftreten einer hämolytischen Anämie bei einem Pyruvat-Kinase-Defekt, bei dem nur die Bindungskonstante für den Aktivator Fructosebisphosphat um den Faktor 100 "verschlechtert" ist.

5.68 Was versteht man in der Hämatologie unter Heinz-Körpern? Bei welchen Stoffwechseldefekten entstehen sie?

5.69 Erläutern Sie die Pathogenese einer enzymopathischen hämolytischen Anämie.

5.70 Erläutern Sie die zwei Arten der Galaktosämie. Welche Form ist die ernstere Erkrankung? Warum kann es zur Kataraktbildung kommen?

5.71 Welcher Defekt liegt der Fructose-Intoleranz zugrunde? Warum kann es bei dieser Erkrankung leicht zu Hypoglucosämien kommen?

5.72 Welche Therapie ist bei Galaktosämie und bei Fructose-Intoleranz angezeigt?

Hyperlipoproteinämien

5.73 Nennen Sie die Hauptfunktionen der 4 Lipoprotein-Klassen.

5.74 Erklären Sie die Funktion von Apoprotein C im Stoffwechsel der Lipoproteine.

5.75 Mit welchen beiden Untersuchungsmethoden kann eine Lipidanalyse im Serum durchgeführt werden? Welche der beiden ist von größerer praktischer Bedeutung?

5.76 Skizzieren Sie Synthese sowie Umsetzung von Prä-ß-Lipoproteinen und ß-Lipoproteinen unter Angabe der beteiligten Organe.

5.77 Worin unterscheiden sich primäre und sekundäre Hyperlipoproteinämien? Wann kann die Diagnose einer primären Erkrankung erst gestellt werden?

5.78 Wie sehen die Nüchternseren bei Hyperlipoproteinämie Typ I, Typ IV und Typ V nach mehrstündigem Stehen aus; worauf beruhen die zu beobachtenden Unterschiede?

6 Verwertung von Energiespeichern und Energiegewinnung in der Postresorptionsphase

Übungen

Organspezifischer Substratfluß im "Hunger" und im "Fasten"

6.01 Geben Sie an, welche Organe die aufgeführten Stoffwechselprozesse in vivo katalysieren können.

	Leber	Fettgewebe	Muskel	Herz	ZNS	Erythrocyten	Nierenrinde	Nierenmark
Glucose → Gg								
Gg → Glucose								
Glucose → TG								
FS → Glucose								
AS → Glucose								
AS → Harnstoff								
TG → FS								
FS → KK								
Glucose → Lactat								
Lactat → CO_2								

Gg = Glycogen; TG = Triglycerid; AS = Aminosäuren; FS = freie (nicht veresterte) Fettsäuren; KK = Ketonkörper

6.02 Beschreiben Sie tabellarisch, welche Organe und welche Stoffwechselprozesse Glucose, Lactat, Aminosäuren, Ketonkörper, freie Fettsäuren und Triglyceride ins Blut nachliefern, und zwar (a) nach einer "Mahlzeit" und (b) im "Hunger".

6.03 Welchen respiratorischen Quotienten erwarten Sie beim Menschen nach einer normalen, ausgewogenen "Mahlzeit" und im "Hunger"?

6.04 Wie unterscheidet sich der Substratfluß in der Phase "Hunger-Ruhe" von dem in der Phase "Hunger-Arbeit"?

6.05 Was ist der zentrale Aspekt bei der Umstellung des Stoffwechsels von "Hunger" auf "Fasten"?

6.06 Wie unterscheiden sich die Phasen "Hunger" und "Fasten" qualitativ und quantitativ in bezug auf die Stickstoffausscheidung?

6.07 Beim "Fasten" kommt es im Vergleich zum "Hunger" zu einer absoluten Einsparung von Glucose und von Protein, sowie zu einer Umverteilung von Ketonkörpern. Welche Organe sind beteiligt? Begründen Sie Ihre Antwort.

6.08 Warum ist die Gewichtsabnahme beim Fasten nicht mit der Zeit linear?

6.09 Welche Funktion hat die Ureagenese in der Leber und die Ammoniagenese in der Niere?

Stoffwechselsteuerung durch Glucagon, Catecholamine und andere Hormone

Glucagon

6.10 Wie wird die Sekretion von Glucagon unter physiologischen Bedingungen gesteuert?

6.11 Als biologische Signalsubstanz muß Glucagon eine begrenzte Halblebenszeit haben. Wie wird es inaktiviert und abgebaut?

6.12 Vergleichen Sie die Wirkungen von Glucagon an Leber und Fettgewebe sowie am Muskel.

6.13 Die Glucagonsekretion wird normalerweise in der Postresorptionsphase stimuliert. Unter welchen Bedingungen kann es auch zur Stimulation der Sekretion in der Resorptionsphase kommen?

6.14 Über welche Mechanismen wird der "Glucagon-Befehl" vom extracellulären in den intracellulären Bereich weitergegeben?

6.15 Beschreiben Sie das cAMP-System.

6.16 Wie können die unterschiedlichen organspezifischen Wirkungen von Hormonen, speziell von Glucagon, erklärt werden?

Catecholamine

6.17 In welchen Organen werden Catecholamine gebildet und wie wird ihre Sekretion gesteuert?

6.18 Durch welche Prozesse wird die Wirkung der Catecholamine beendet?

6.19 Beschreiben Sie den Mechanismus der Catecholamin-Wirkung auf den Stoffwechsel.

6.20 Welche Verbindung hat einheitlich einen mobilisierenden Einfluß auf die Energiespeicher? Wie wird sie gebildet und abgebaut? Wie werden Bildung und Abbau gesteuert?

6.21 Stellen Sie in einer kleinen Tabelle Catecholamin-Wirkungen auf den Stoffwechsel zusammen, die über α- bzw. ß-Receptoren vermittelt werden.

6.22 Führen Sie einige Beispiele für die unterschiedliche Spezifität von α- und ß-Receptoren gegenüber Adrenalin und Noradrenalin an. Wie könnten die Spezifitätsunterschiede erklärt werden?

6.23 Welches Substrat-Transport-System wird von Catecholaminen beeinflußt?

6.24 Erklären Sie die Unterschiede bei der Wirkung von Adrenalin und Noradrenalin unter physiologischen Bedingungen auf die Glykogenolyse in Leber und Muskel.

6.25 Wo werden Insulin, Glucagon und Catecholamine in die Blutbahn eingeschleust? Welche Bedeutung könnten die verschiedenen Einschleusungsorte für die Stoffwechselsteuerung haben?

Glucocorticoide, Somatotropin, Thyroxin

6.26 In welchen Organen werden Glucocorticoide und Thyroxin gebildet? Wie wird ihre Sekretion gesteuert?

6.27 Wie werden Catecholamine, Glucocorticoide und Thyroxin im Blut transportiert?

6.28 Wie werden Glucocorticoide inaktiviert und ausgeschieden?

6.29 Beschreiben Sie den Wirkungsmechanismus der Glucocorticoide.

6.30 Wie wirken Glucocorticoide auf die Leber einerseits und auf Muskel und Fettgewebe andererseits? Welche Prozesse werden gefördert bzw. gehemmt?

6.31 Was versteht man unter der "permissiven" Wirkung eines Hormons?

6.32 Wie wird die Somatotropin-Ausschüttung reguliert?

6.33 Welche kurzfristigen und welche langfristigen Wirkungen hat das Somatotropin? Wie können diese Effekte klassifiziert werden?

6.34 Was versteht man unter Somatomedinen?

6.35 Wie werden die Schilddrüsen-Hormone inaktiviert und ausgeschieden?

6.36 Vergleichen Sie die Wirkungsmechanismen der Proteohormone Insulin und Glucagon mit denen der niedermolekularen Hormone Adrenalin und Noradrenalin sowie Cortisol und Thyroxin.

Bereitstellung monomerer Substrate aus den Energiespeichern

Glykogen-Abbau

6.37 Beschreiben Sie die Glykogen-Phosphorylase-Reaktion. Geben Sie die Substrate und die Produkte genau an.

6.38 Wie wird beim Glykogen-Abbau die 1,6-Verzweigung entfernt?

6.39 Geben Sie die Organverteilung der Glucose-6-phosphatase an.

6.40 Skizzieren Sie den Hauptweg (Cytoplasma) und den Nebenweg (Lysosomen) des Glykogen-Abbaus zu Glucose (Leber) bzw. Lactat oder CO_2 (Muskel).

Triglycerid-Abbau

6.41 Wie werden die Triglycerid-Speicher im Fettgewebe abgebaut?

6.42 Wie kann das Ausmaß der Lipolyse im Fettgewebe relativ einfach gemessen werden? Begründen Sie das Verfahren.

Regulation der Energiespeicherverwertung

6.43 Erläutern Sie das Prinzip der reziproken Kontrolle am Beispiel der Umschaltung von Glykogen-Bildung auf Glykogen-Abbau. Skizzieren Sie dabei genau die Rolle der verschiedenen regulatorischen und interconvertierbaren Kinasen bzw. Phosphatasen. Erklären Sie die Unterschiede zwischen Leber und Muskel.

6.44 Geben Sie in Form einer kleinen Tabelle einen Überblick über Enzyme, die durch Effector-kontrollierte, Enzym-gesteuerte Interkonvertierung reguliert werden. Führen Sie jeweils die chemische Modifikation und die Effectoren der interkonvertierenden Enzyme an.

6.45 Diskutieren Sie die "Verstärkerwirkung" der hintereinander geschalteten regulatorischen und interkonvertierbaren Enzyme bei der Regulation des Glykogen-Abbaus.

Energiegewinnung durch Abbau der monomeren Substrate

Fettsäuren-Abbau, Ketonkörper-Abbau

6.46 Die Konzentration von freien Fettsäuren im Blut schwankt je nach Stoffwechselphase um etwa 100 mg/l. Berechnen Sie die molare Konzentration bei einem durchschnittlichen Molekulargewicht von 250.

6.47 Skizzieren Sie den Transport von Fettsäuren aus dem Cytoplasma in die Mitochondrien.

6.48 Skizzieren Sie den Abbau geradzahliger und ungeradzahliger gesättigter Fettsäuren. Was sind die Endprodukte?

6.49 Erläutern Sie die Unterschiede beim Abbau von natürlichen geradzahligen gesättigten Fettsäuren (z.B. Palmitat-C16:0) und von geradzahligen ungesättigten Fettsäuren (z.B. Oleat-C18:1, Linolat-C18:2).

6.50 Skizzieren Sie den Abbau von Propionyl-CoA zu Acetyl-CoA. Welche Vitamine (Coenzyme) sind an diesem Stoffwechselweg beteiligt?

6.51 In welchen Enzymreaktionen wird intramitochondrial NADH gebildet? Geben Sie jeweils an, welche Substratklasse über die genannten Reaktionen abgebaut wird.

6.52 Skizzieren Sie den Abbau von Ketonkörpern über Acetyl-CoA zu CO_2. Welche Organe können Ketonkörper verwerten?

Aminosäuren-Abbau

6.53 Geben Sie je ein Beispiel für eine dehydrierende, oxidative und eliminierende Desaminierung aus dem Bereich des Aminosäuren-Katabolismus.

6.54 Innerhalb des Aminosäuren-Katabolismus ist Pyridoxalphosphat an Transminierungen, α,β-Eliminierungen und an einer Aldolkondensation beteiligt. Skizzieren Sie je ein Beispiel.

6.55 Welches sind die wichtigsten Ausscheidungsformen von Protein-Stickstoff? In welchen Mengen werden sie etwa täglich ausgeschieden?

6.56 Wie unterscheiden sich Leber, Muskel und Niere in bezug auf den Aminosäuren-Katabolismus in der Postresorptionsphase? Geben Sie jeweils die aus dem Blut aufgenommenen Substrate und die ins Blut abgegebenen Produkte an.

6.57 Welche Funktion haben der Alanin- und der Glutamin-Transport im Blut?

6.58 Formulieren (Formel schreiben) Sie die Bildung einer Schiffschen Base zwischen Serin und Pyridoxalphosphat.

6.59 Skizzieren Sie die beiden z.Zt. diskutierten Mechanismen der NH_3-Freisetzung aus Glutamat.

6.60 Skizzieren Sie den Harnstoff-Cyclus. Wieviel ATP-Äquivalente werden benötigt?

6.61 Warum kann Arginin, obwohl es im Harnstoff-Cyclus gebildet wird, eine essentielle Aminosäure sein?

6.62 Schreiben Sie die Reaktionsgleichungen folgender Enzyme: Glutamat-Dehydrogenase, Glutamin-Synthetase, Glutaminase, Glutamat-Oxalacetat-Transaminase, Glutamat-Pyruvat-Transaminase, Carbamylphosphat-Synthetase, Argininosuccinat-Synthetase.

6.63 Vergleichen Sie die Funktion der Glutaminase in Leber und Niere.

6.64 Warum kann NH_3 (z.B. aus dem Darm) nicht nur mit Hilfe der Carbamylphosphat-Synthetase und den vier Enzymen des Harnstoff-Cyclus zu Harnstoff umgewandelt werden? Welche Enzyme werden zusätzlich benötigt?

6.65 Skizzieren Sie den oxidativen Abbau von Alanin zu CO_2 und Harnstoff. Wieviel mol ATP werden pro mol Alanin gewonnen?

6.66 Berechnen Sie den respiratorischen Quotienten für den völligen oxidativen Abbau von Glucose, Palmitat und Alanin zu CO_2, Wasser und Harnstoff, sowie für den partiellen oxidativen Abbau von Palmitat zu Acetoacetat.

6.67 Warum können unter anaeroben Bedingungen Aminosäuren nicht zur Energiegewinnung herangezogen werden?

6.68 Welche Reaktionen sind quantitativ wichtig für die Bildung von Acetyl-CoA in Leber, in Fettgewebe, in Muskel und im ZNS?
(a) Schreiben Sie die Reaktionsgleichungen (Coenzyme abkürzen).
(b) In welchen Zellkompartimenten sind die Reaktionen lokalisiert?
(c) Wie sollten sich die Flußraten dieser Enzyme in der Resorptions- und Postresorptionsphase zueinander verhalten?

(d) Geben Sie jeweils an, welche Klasse von Substraten über die genannten Reaktionen verstoffwechselt wird.

6.69 Nennen Sie Beispiele für glucoplastische, ketoplastische und für gleichzeitig gluco- und ketoplastische Aminosäuren. Begründen Sie Ihre Antwort.

6.70 Zeigen Sie am Beispiel des Phenylalanin-Abbau, wie ein aromatischer Ring geöffnet werden kann. Welche Reaktionstypen (Enzyme) müssen beteiligt sein?

6.71 Welche Aminosäuren werden über Schritte der β-Oxidation abgebaut? Formulieren Sie die Schritte an einem Beispiel.

6.72 Welche Aminosäuren werden über eine Biotin- oder Coenzym B_{12}- oder Tetrahydrofolat-abhängige Reaktion abgebaut?

6.73 Skizzieren Sie die Grundzüge des Abbaus der Aminosäuren der α-Ketoglutarat-(Succinyl-CoA-, Oxalacetat- und Fumarat-, Pyruvat und Acetoacetyl-CoA)-Familie.

6.74 Trägt der partielle Abbau von Aminosäuren bis zum Pyruvat schon zur Energieproduktion bei? Wenn ja, warum?

6.75 Skizzieren Sie beim Methionin-Abbau die Entfernung des Schwefels und seinen Weg bis zur Ausscheidung im Urin.

6.76 Skizzieren Sie 4 Reaktionstypen, die von Vitamin B_6 (Pyridoxol) abhängig sind.

6.77 Skizzieren Sie 2 Reaktionstypen, die von Vitamin B_1 (Thiamin) abhängig sind.

6.78 An welchem Reaktionstyp ist Biotin beteiligt? Geben Sie drei Beispiele.

Regulation der Energiegewinnung

6.79 Wie wird in der Postresorptionsphase in einigen Organen die Glucose-Verwertung abgeschaltet (Muskel, Fettgewebe) und die Fettsäuren-Verwertung angeschaltet?

6.80 Wie kann man die enorme Steigerung der Ketonkörper-Verwertung im ZNS im Laufe des Übergangs Hunger zu Fasten erklären?

6.81 Wie werden Glucose- und Fettsäuren-Oxidation im Muskel integriert? (vgl. Übung 5.61)

6.82 Die Koordination welcher Prozesse ist bei der Harnstoffsynthese das zentrale Regulationsproblem? Wie wird es gelöst?

Bereitstellung monomerer Substrate aus anderen monomeren Vorläufern

Gluconeogenese

6.83 Skizzieren Sie die Gluconeogenese aus Serin. Vergleichen Sie sie mit der Gluconeogenese aus Alanin und Lactat.

6.84 Vergleichen Sie die Rolle des CO_2 bei der Gluconeogenese und Liponeogenese.

6.85 Welche Funktionen hat die Pyruvat-Carboxylase in der Leber im Vergleich zu Erythroblasten? (vgl. Übung 5.59)

6.86 Geben Sie die subcelluläre Lokalisation und die Funktion (Beteiligung an Stoffwechselwegen) der folgenden Enzyme an (DH = Dehydrogenase):
Glycerinaldehydphosphat-DH   Glykogen-Synthase
Pyruvat-DH   Carbamylphosphat-
Lactat-DH   Synthetase
Glutamat-DH   Glutamat-Oxalacetat-
Glutamin-Synthetase   Transaminase
Pyruvat-Carboxylase   Glutamat-Pyruvat-
Acetyl-CoA-Carboxylase   Transaminase
Fettsäuren-Synthase   Phosphoenolpyruvat-
Glykogen-Phosphorylase   Carboxykinase

6.87 Warum ist im Säugetier eine Gluconeogenese aus geradzahligen Fettsäuren und ketoplastischen Aminosäuren nicht möglich?

6.88 Skizzieren Sie die Glucose-Synthese aus Fructose und Glycerol.

6.89 Nennen Sie drei biochemisch in vivo irreversible Prozesse. Wie wird im Zellstoffwechsel die Reaktion in der Gegenrichtung durchgeführt?

6.90 Vergleichen Sie die Funktion der Gluconeogenese in Leber und Niere.

6.91 Welche Aminosäuren werden vor allem von der Leber, welche bevorzugt von der Niere zur Gluconeogenese verwendet?

Ketogenese

6.92 Skizzieren Sie die Bildung von Ketonkörpern unter Berücksichtigung der beteiligten subcellulären Kompartimente.

6.93 Es gibt mehrere Thiolasen unterschiedlicher Substratspezifität und subcellulärer Lokalisation. Erläutern Sie, an welchen Stoffwechselwegen die verschiedenen Thiolasen beteiligt sind.

Regulation von Gluconeogenese und Ketogenese

6.94 Welche Einfluß haben Glucagon einerseits und Adrenalin andererseits auf den Blutzuckerspiegel? Wie kommt diese Wirkung zustande?

6.95 Nach Alkoholgenuß wird die Gluconeogenese in der Leber gehemmt. Welche Vorstellungen über den Mechanismus der Hemmung erscheinen plausibel?

6.96 Welche Effektoren steuern die Enzyme der potentiellen "Leerlauf-Cyclen" zwischen Fructose-6-phosphat und Fructosebisphosphat und zwischen Phosphoenolpyruvat und Pyruvat? Wie müssen sich die Effektor-Spiegel beim Übergang von der Resorptionsphase zur Postresorptionsphase ändern, wenn sie die Umschaltung Glykolyse-Gluconeogenese bewirken sollen? Stimmt dieses Soll mit dem Ist überein?

6.97 Beschreiben Sie das Modell der "Metabolischen Zonierung" des Leber-Parenchyms. Wie kann mit diesem Modell die Umschaltung Glykolyse- Gluconeogenese erklärt werden?

6.98 Warum wirken Entkoppler der Atmungskette antiketogen?

6.99 Wirkt Insulin an der isolierten Leber antiketogen?

6.100 Erläutern Sie die molekularen Grundlagen für die Steuerung der Ketogenese bei erhöhtem Fettsäuren-Angebot.

Glykogenosen

6.101 Begründen Sie, warum das Fehlen des Enzyms Glucose-6-phosphatase zu einem erhöhten Glykogengehalt in der Leber und zu einer Hypoglucosämie führt.

6.102 Welche Stoffwechselveränderungen treten neben der Hypoglucosämie bei Glykogenose I (Glucose-6-phosphatase-Defekt) noch auf und welche klinisch-chemischen Parameter zeigen diese Stoffwechselveränderungen an?

6.103 Wie kann man die Acidose, Hyperlipidämie und Hyperuricämie bei Glykogenose I erklären?

6.104 Welchen Effekt sollte im ruhenden Organismus die Gabe von Glucagon auf die Glucose- und Lactat-Konzentration im Blut haben? Welche Effekte würde eine Adrenalin-Gabe bewirken?
(a) Bei Gesunden
(b) Bei Glykogenose I (Glucose-6-phosphatase-Defekt)

(c) Bei Glykogenose II (α-Glucosidase-Defekt)
(d) Bei Glykogenose III (Entzweigungsenzym-Defekt)
(e) Bei Glykogenose V (Muskel-Phosphorylase-Defekt)
(f) Bei Glykogenose VI (Leber-Phosphorylase-Defekt)

6.105 Erläutern Sie die möglichen therapeutischen Maßnahmen bei Glykogenose-I-Patienten.

6.106 Erklären Sie das Prinzip der pränatalen Diagnose. Welche prinzipiellen Schwierigkeiten ergeben sich für die Interpretation von Enzymspiegelmessungen bei diesem Verfahren?

Fettembolie

6.107 Erklären Sie den Unterschied zwischen einer klassischen Fettembolie und einem Fettemboliesyndrom. Können sich die beiden Krankheitsbilder überlappen?

6.108 Erklären Sie die metabolische Theorie des Fettemboliesyndroms anhand einer Skizze. Welche Prophylaxe läßt sich aus dieser Theorie ableiten? Begründen Sie Ihre Antwort.

Diabetes mellitus

6.109 Erläutern Sie die Pathogenese des Insulinmangels durch Störungen innerhalb und außerhalb des Bereichs der ß-Zellen (7 wichtige Punkte).

6.110 Wie unterscheiden sich Jugend- und Altersdiabetes sowie ein ß-Zellentumor in bezug auf
(a) Insulingehalt der ß-Zellen
(b) Stimulierbarkeit der ß-Zellen
(c) Insulinspiegel im Blut
(d) Sensitivität der Insulinreceptoren
(e) Zahl der Insulinreceptoren
(f) Stoffwechsellage

6.111 Wie unterscheiden sich ein potentieller, latenter, subklinischer und manifester Diabetes mellitus?

6.112 Warum kommt es beim Diabetes mellitus zur Erhöhung des Blutspiegels an Glucose, freien Fettsäuren, Ketonkörpern und Harnstoff?

6.113 Wie unterscheidet sich ein Alloxan-Diabetes vom Phlorrhizin-Diabetes?

6.114 Erklären Sie die Exsiccose, die Acidose und den K^+-Verlust beim Diabetiker allgemein und im Coma diabeticum.

6.115 Warum wirkt Insulin an der isolierten Leber nicht antiketogen?

6.116 Wie könnte man auf molekularer Ebene beim Diabetes mellitus die Hypertriglyceridämie nach Nahrungsaufnahme erklären?

6.117 Erläutern Sie den oralen Glucose-Toleranz-Test. Warum ist er einem intravenösen Belastungstest vorzuziehen? Welche Mechanismen der Pathogenese des Insulinmangels werden erfaßt?

6.118 Warum kann der Diabetes mellitus als eine "Zwei-Hormon-Krankheit" angesehen werden?

6.119 Eine rationale Diabetes-Therapie stützt sich auf 4 Prinzipien. Erläutern Sie diese Prinzipien und geben Sie an, welches Prinzip besonders beim Jugend- und welches beim Altersdiabetes im Vordergrund steht?

6.120 Wie unterscheiden sich das ketoacidotische und das hyperosmolare Coma diabeticum? Welche Diabetes-Formen neigen zu welcher Art des Coma? Warum?

6.121 Wie werden Exsiccose, Acidose und Kalium-Verlust im Coma diabeticum ausgeglichen?

6.122 Was versteht man unter dem spätdiabetischen Syndrom? Welche Stoffwechselveränderung könnte ursächlich beteiligt sein?

Störungen der Harnstoffsynthese

6.123 Welche Organe geben unter welchen Bedingungen NH_3 an die Blutbahn ab?

6.124 Welche Prozesse sind an der vorläufigen, welche an der endgültigen NH_3-Entgiftung beteiligt? In welchen Organen finden diese Reaktionen statt?

6.125 Ausgehend von welchem Zwischenprodukt des Harnstoffcyclus ist extrahepatisch eine geringe Harnstoffbildung möglich?

6.126 Warum führen ererbte Defekte der Harnstoffsynthese zu erhöhten Blut-Ammoniak-, aber nur selten zu verminderten Blut-Harnstoff-Konzentrationen?

6.127 Erläutern Sie, warum eine Alkalose die intracelluläre Ammoniumionen-Konzentration erhöht.

6.128 Begründen Sie, warum eine Alkalose die NH_3-Abgabe in den Urin vermindert und meist auch zu einer Hypokaliämie führt.

6.129 Welche Faktoren verstärken die Hyperammoniämie bei schweren Lebererkrankungen? Begründen Sie Ihre Antwort.

6.130 Welche Vorstellungen hat man über den Mechanismus der cerebralen NH_3-Intoxikation?

6.131 Erklären Sie die Grundzüge einer rationalen Therapie bei Hyperammoniämie.

Fettleber

6.132 Welche Ursachen können einer Fettleber zugrunde liegen?

6.133 Erläutern Sie die Pathogenese der Fettleber bei chronischem Alkoholismus.

6.134 Welcher pathogenetische Mechanismus ist der Fettleber bei akuter Alkoholintoxikation, Diabetes mellitus und Überernährung gemeinsam?

6.135 Welche pathogenetische Ähnlichkeit besteht bei Fettleber infolge von Unterernährung und infolge von Tetracyclin-Therapie?

Fettsucht (Überernährung)

6.136 Definieren Sie Normal- und Idealgewicht. Bei welchem Körpergewicht liegt eine Fettsucht vor?

6.137 Geben Sie Beispiele für die erhöhte Morbidität und Letalität anderer Erkrankungen bei Fettsucht.

6.138 Belegen Sie die Faustregel, daß 10 kcal=42 kJ überschüssige Nahrung das Gewicht um 1 g erhöhen.

6.139 Berechnen Sie die Faustregel, daß ein Fastentag bei körperlicher Ruhe (= Verminderung der Energiezufuhr um 1500 kcal=6300 kJ) das Gewicht um etwa 350 g senkt.

6.140 Erläutern Sie, warum es im Fasten zu einer Ketoacidurie, Ketoacidämie und Hyperuricämie kommt. Kann oder muß die Ketose oder die Hyperuricämie therapeutisch beeinflußt werden?

6.141 Was ist der limitierende Faktor für die Dauer einer Null-Diät? Begründen Sie Ihre Antwort.

6.142 Warum ist bei Fettsucht die Null-Diät-Therapie der Behandlung mit calorienreduzierter Mischkost und Formula-Diäten meist überlegen?

6.143 Welche grundsätzlichen Möglichkeiten bestehen, die Fettsucht medikamentös oder chirurgisch zu behandeln?

6.144 Warum ist für eine Gewichtsreduktion Fasten effektiver als Leistungssteigerung?

7 Endproduktausscheidung

Übungen

Homöostase des Extracellularraums

7.01 Was versteht man unter Homöostase des Extracellularraums?

7.02 Welche Organe sind an der Substrataufnahme, welche an der Endproduktausscheidung beteiligt? Geben Sie jeweils die aufgenommenen bzw. die abgegebenen Substanzen an.

7.03 Mit welchen grundsätzlich unterschiedlichen Mechanismen können Substanzen aus dem Körper ausgeschieden werden?

7.04 Wie kann man unterscheiden, ob eine Substanz in der Niere durch Filtration, durch das regulierbare Verhältnis von Filtration und Rückresorption oder durch Filtration plus Sekretion ausgeschieden wird?

7.05 Ordnen Sie die niedermolekularen Plasmabestandteile (Elektrolyte, Substrate, Zwischenprodukte und Endprodukte) nach fallender Konzentration.

7.06 Berechnen Sie die Resorptionsleistung (g/d) des Darms bezüglich Glucose und Aminosäuren bei einer Nahrung bestehend aus 70 g Protein, 70 g Fett und 260 g Kohlenhydrat (240 g Stärke und 20 g Saccharose) pro Tag.

7.07 Berechnen Sie die Rückresorptionsleistung (g/d) der Niere bezüglich Glucose, Alanin und Glutamin unter Normalbedingungen bei Plasmakonzentrationen von Glucose = 6 mmol/l, Alanin = 0,3 mmol/l und Glutamin = 0,6 mmol/l.

Renale Retention und Ausscheidung

7.08 Wieviel g Trockenmasse werden von der Niere täglich rückresorbiert? Geben Sie das Verhältnis zwischen organischen und anorganischen Bestandteilen an.

7.09 Aus welchen Prozessen wird Phosphorsäure, aus welchen Schwefelsäure gebildet?

7.10 Warum kann man mit dem endogen gebildeten Creatinin die glomeruläre Filtrationsrate bestimmen?

7.11 Wie gewinnen die einzelnen Nephronabschnitte die für die Transportprozesse notwendige Energie?

7.12 Diskutieren Sie Beispiele für die Kopplung der Rückresorption einer Substanz an ihren Metabolismus.

7.13 Diskutieren Sie Beispiele für die Rückresorption einer Substanz mit Hilfe der Natrium-motorischen Kraft.

7.14 Beschreiben Sie die Wirkungsweise des Renin-Angiotensin-Aldosteron-Antidiuretin-Systems zur Regulation des Plasmavolumen.

7.15 Geben Sie für die einzelnen Nephronabschnitte die wichtigen Rückresorptions- und Sekretionsvorgänge an.

7.16 Welche Hormone fördern die Gluconeogenese in der Nierenrinde? Begründen Sie Ihre Antwort.

7.17 Beschreiben Sie die Funktion der Carboanhydrase der Tubuluszellen bei der Rückresorption von Bicarbonat und bei der Sekretion von Protonen.

7.18 Geben Sie je ein Beispiel für einen elektroneutralen Symport, elektroneutralen Antiport und einen elektrogenen Symport.

7.19 Welche Blutbestandteile haben eine Ausscheidungsschwelle im Bereich ihrer Plasmakonzentration, welche deutlich oberhalb ihrer Plasmakonzentration und welche haben offenbar keine physiologisch oder gar pathophysiologisch erreichbare Schwelle? Welche Bedeutung haben diese Unterschiede für die Ausscheidung der Substanzen im Urin und für ihre Homöostase im Blut?

7.20 Starkes Trinken führt zu einer verstärkten Diurese. Beschreiben Sie, wie dieser Effekt hormonell gesteuert wird.

7.21 Welche Substanzen werden zunächst rückresorbiert und dann sezerniert?

7.22 Wie ist der Natrium-Kalium-Status und wie verhält sich das Plasmavolumen bei Aldosteron-Überproduktion (CONN-Syndrom) bzw. bei Aldosteron-Mangel (M. ADDISON)?

7.23 Welche Hormone steuern den Calcium-Spiegel im Blut? In welchen Organen werden sie gebildet, welche Reize regulieren ihre Ausschüttung? Welche Wirkungen haben diese Hormone?

7.24 Wie ändert sich die Harnstoffausscheidung bei Erhöhung bzw. Erniedrigung der glomerulären Filtrationsrate?

7.25 Skizzieren Sie Mechanismus, Funktion und Regulation der NH_3-Ausscheidung in der Niere.

7.26 Wie wird der für die Wasser-Rückresorption wichtige osmotische Gradient im proximalen Convolut und in der Henleschen Schleife aufgebaut?

Pulmonale Ausscheidung

7.27 Skizzieren Sie die Teilschritte der CO_2-Ausscheidung bei der Gewebe- und der Lungenpassage des Bluts.

7.28 Welche Funktion hat die Carboanhydrase der Erythrocyten?

7.29 Was versteht man unter dem Bohr-Effekt des Hämoglobin?

Säure-Basen-Haushalt

7.30 Geben Sie eine Übersicht über Protonen-liefernde und -verbrauchende Prozesse.

7.31 Die vollständige Oxidation von Glucose und Palmitat zu CO_2 führt zu einer intermediären Ansäuerung des Organismus. Gilt das auch für die Oxidation von Lysin und anderen Aminosäuren, die ja basische Aminogruppen enthalten?

7.32 Erläutern Sie das Astrup-Verfahren zur Bestimmung des Säure-Basen-Haushalts.

7.33 Bei einem Blut-pH von 7,25 wird ein pCO_2 von 66 mm Hg = 8,8 kPa bestimmt. Berechnen Sie die aktuelle Bicarbonat-Konzentration und charakterisieren Sie die Acidose.

Wasser-Haushalt

7.34 Definieren Sie die verschiedenen intra- und extracorporalen Räume im Organismus. Geben Sie ihre Größe bei Männern, Frauen und Säuglingen an.

7.35 Welche Funktionen hat das Wasser?

7.36 Wieviel l Wasser werden täglich zwischen intravasalem und extracorporalem Raum in Niere und Magen-Darm-Trakt bewegt? Schlüsseln Sie die einzelnen Zahlen auf.

7.37 Erklären Sie, wie der Wasser-Haushalt durch Hormone gesteuert wird.

7.38 Erklären Sie den Mechanismus des transmembranären Wassertransports. Wie können hypotone Sekrete (Schweiß und Speichel) gebildet werden?

Elektrolyt-Haushalt

7.39 Erläutern Sie Vorkommen und Funktion von Na^+, K^+, Ca^{2+} und Mg^{2+} sowie einiger wichtiger Spurenelement-Kationen.

7.40 Erläutern Sie Vorkommen und Funktion von Cl^-, Phosphat^{2-}, HCO_3^- und SO_4^{2-} sowie der Spurenelement-Anionen Fluorid und Jodid.

7.41 Wieviel g Natrium, Kalium, Chlorid, Phosphat und Bicarbonat werden täglich zwischen dem intravasalen und dem extracorporalen Raum in Niere und Magen-Darm-Trakt bewegt? Wie können diese Daten errechnet werden?

7.42 Erklären Sie, wie der Elektrolyt-Haushalt durch Hormone reguliert wird.

7.43 Erläutern Sie die z.Zt. bekannten mechanistischen Prinzipien des transmembranären Elektrolyttransports.

7.44 Erläutern Sie das Prinzip des transendothelialen Elektrolyttransports (Gibbs-Donnan-Verteilung).

Störungen der renalen Rückresorption und Sekretion

7.45 Warum erzeugt Phlorrhizin eine renale Glucosurie?

7.46 Welche renalen Aminosäuretransportsysteme kennen Sie? Welche Krankheiten entstehen bei isoliertem Ausfall eines Transportsystems? Warum treten renale und intestinale Aminosäureresorptionsstörungen oft gleichzeitig auf?

7.47 Welche Ursachen führen zu Diabetes insipidus?

7.48 Beschreiben Sie die Folgen von Hyper- bzw. Hypoaldosteronismus.

Acidosen-Alkalosen

7.49 Wie unterscheiden sich metabolische und respiratorische Störungen des Säure-Basen-Haushalts? Welcher Parameter ist der empfindlichste Hinweis auf respiratorische Störungen?

7.50 Welcher Säure-Basen-Status (Primäre Störung, Kompensationsgrad) ergibt sich aus den Analysen?

Nr.	pH	(HCO_3^-)	($H_2CO_3+CO_2$)	Säure-Basen-Status (Primäre Störung, Kompensation)
		mmol/l	mmol/l	
1	7,40	24,0	1,20	
2	7,21	7,43	0,57	
3	7,51	39,3	1,53	
4	7,30	28,5	1,80	
5	7,20	14,6	1,16	
6	7,39	35,2	1,80	
7	7,58	24,66	0,84	

7.51 Charakterisieren und begründen Sie die Acidose in folgenden Situationen: Hunger, Coma diabeticum, 400 m Lauf, Schock, Durchfall, renale Tubulusdefekte, Hypoaldosteronismus, Thoraxverletzung, chronische Bronchitis.

7.52 Charakterisieren und begründen Sie die Alkalose in folgenden Situationen: Überdosierung von Natrium-Lactat, Erbrechen, Hyperaldosteronismus, Prüfungsangst, Hypoxie.

7.53 Geben Sie jeweils ein Verfahren an zum Ausgleich der bestehenden Störung im Säure-Basen-Haushalt.

(a) Metabolische Acidose
(männlich, 70 kg, 181 cm,
Base-Excess: -10 mval/l)
(b) Respiratorische Acidose
(weiblich, 55 kg, 165 cm,
Base-Excess: +7 mval/l)
(c) Metabolische Alkalose
(weiblich, 65 kg, 170 cm,
Base-Excess: +12 mval/l)
(d) Respiratorische Alkalose
(männlich, 80 kg, 175 cm,
Base Excess: -8 mval/l)

8 Bildung und Erhaltung von Zell- und Organstrukturen

Ü b u n g e n

Chromatin

Struktur und Organisation von Chromatin

8.01 Beschreiben Sie das Watson-Crick-Modell der DNA.
8.02 Sind die beiden komplementären Stränge der DNA (DNS) identisch? Begründen Sie Ihre Antwort:
8.03 Erläutern Sie die Struktur von Chromatin. Geben Sie die molekularen Eigenschaften und die Funktion der Chromatin-Komponenten an.
8.04 Welcher Prozentsatz des Genoms besteht aus extrachromosomaler DNA? In welchen Zellpartikeln kommt diese DNA vor?
8.05 Was versteht man unter Eu- und Heterochromatin?
8.06 Vergleichen Sie den DNA-Gehalt (Masse und Länge) von Säugern, Protozoen, Algen, Pilzen und Bakterien.
8.07 Der DNA-Gehalt höherer Zellen übersteigt bei weitem den Bedarf für die Codierung genetisch definierter Produkte. Erläutern Sie die Gründe für den "DNA-Überschuß". (Häufigkeitsklassen von DNA-Abschnitten, Mosaikstruktur der Gene).

DNA-Replikation

8.08 In welchen Organen (Zellen) des ausdifferenzierten Organismus spielt die DNA-Replikation permanent eine wichtige Rolle?
8.09 Wieviel Blutzellen werden täglich beim Menschen neugebildet? Wieviel m oder km DNA werden entsprechend täglich synthetisiert?
8.10 In welchen Zellkompartimenten und welchen Phasen des Zellcyclus werden die einzelnen Komponenten des Chromatin synthetisiert?
8.11 Unterscheiden Sie Replikationsabschnitt und Replikationseinheit.
8.12 Wie kann man zeigen, daß die DNA-Replikation semikonservativ erfolgt?

8.13 Was versteht man bei der DNA-Replikation unter "Starter" (Primer) und was unter "Matrize" (Template)?

8.14 Formulieren Sie die DNA-Polymerase Reaktion.

8.15 Formulieren Sie die Polynucleotid-Ligase Reaktion.

8.16 Skizzieren Sie das gegenwärtige Modell der DNA-Replikation.

8.17 Skizzieren Sie das Replicon-Modell für die Anschaltung der Replikation.

8.18 Wie kann die Gesamtgeschwindigkeit der DNA-Replikation reguliert werden?

DNA-Reparatur

8.19 Welche chemischen und physikalischen Agentien können Schäden an der DNA hervorrufen? Welcher Art können die Schädigungen sein? Welche Minimalvoraussetzungen müssen erfüllt sein für eine DNA-Reparatur?

8.20 Skizzieren Sie das Excisions-Reparatur-System. Bei welcher menschlichen Erbkrankheit ist dieses Reparatur-System defekt?

DNA-Transfer

8.21 Erklären Sie die bei Prokaryonten vorkommenden Prozesse Transformation, Transduktion und Konjugation anhand von kleinen Schemata. Erläutern Sie die Bedeutung der Prozesse für den Nachweis, daß DNA und nicht Protein Träger der genetischen Information ist.

8.22 Beschreiben Sie ein Experiment, das das Prinzip einer Gentherapie beim Menschen anzeigt.

8.23 Bis heute wird Insulin noch aus Rinderpankreas isoliert. Welche neue Produktionsmethode scheint bald durch die Manipulation genetischen Materials möglich?

Gen-Expression I: Transcription

8.24 Erklären Sie das Dogma der molekularen Biologie.

8.25 Welche Arten von RNA gibt es? Welche Funktionen haben sie?

8.26 Formulieren Sie die RNA-Polymerase-Reaktion. Geben Sie Gemeinsamkeiten und Unterschiede zur DNA-Polymerase-Reaktion an.

8.27 Was versteht man unter heterogener, nuclearer RNA (hnRNA)?

8.28 Skizzieren Sie das gegenwärtige Modell der DNA-Transcription in Eukaryonten.

8.29 Geben Sie eine Übersicht über Hemmstoffe der DNA- und RNA-Synthese.

8.30 Was versteht man unter der Degeneration des genetischen Codes?

Gen-Expression II: Translation

8.31 Stellen Sie die Komponenten des Translationssystems zusammen. Beschreiben Sie ihre Funktion.

8.32 Beschreiben Sie die Struktur einer tRNA. Welche Besonderheiten treten bei ihrer Biosynthese auf?

8.33 Skizzieren Sie die Aminoacyl-tRNA-Synthetase Reaktion unter Angabe des Zwischenprodukts.

8.34 Beschreiben Sie die Struktur von Ribosomen in Pro- und Eukaryonten.

8.35 Erläutern Sie die unterschiedlichen Aufgaben von cytoplasmatischen und membrangebundenen Polysomen.

8.36 Formulieren Sie die Peptidyltransferase Reaktion der Proteinsynthese. Welche Ionen sind erforderlich?

8.37 Welche Makromoleküle werden in den Kern hinein, welche aus dem Kern heraus transportiert?

8.38 Nennen Sie die drei Teilprozesse der Proteinbiosynthese. Geben Sie jeweils einen für einen Teilprozeß typischen Hemmstoff an.

8.39 Geben Sie einen Überblick über Hemmstoffe der Proteinbiosynthese. Beschreiben Sie den Hemm-Mechanismus. Welche Hemmstoffe können therapeutisch verwendet werden?

8.40 Geben Sie Beispiele für Gen-Produkte mitochondrialer DNA.

8.41 Geben Sie Beispiele für Kern- und Mitochondrien-kodierte-Proteine in Mitochondrien.

8.42 Vergleichen Sie das Translationssystem in Prokaryonten mit dem im Cytoplasma und in den Mitochondrien der Eukaryonten. Machen Sie Angaben zur Struktur der abzulesenden DNA, zur Halblebenszeit der mRNA, zum Aufbau der Ribosomen, zur Art der Starter-Aminosäure und zur Hemmbarkeit durch Antibiotica.

8.43 Wie müssen sich die Einbaugeschwindigkeiten der Monomeren bei der RNA- und Protein-Synthese zueinander verhalten, wenn mRNA- und Protein-Synthese streng miteinander gekoppelt sind? Es wird dabei angenommen, daß jede mRNA nur einmal abgelesen werden kann.

8.44 Nennen Sie Beispiele für Peptide, deren Synthese abhängig und unabhängig von mRNA ist.

8.45 Wieviel "energiereiche" Pyrophosphatbindungen muß ein Organismus aufbringen, um eine Peptidbindung mRNA-abhängig und mRNA-unabhängig zu synthetisieren?

Regulation der Gen-Expression

8.46 Welche grundlegenden Prozesse werden durch Kontrolle der Gen-Expression gesteuert?

8.47 Auf welchen Stufen ist eine Kontrolle der Gen-Expression möglich?

8.48 Vergleichen Sie die Matrizen-Aktivität von Chromatin und freier DNA. Welche Schlußfolgerungen können aus dem unterschiedlichen Verhältnis gezogen werden?

8.49 Warum sind Histone nur sehr unspezifische, Nicht-Histone dagegen zum Teil spezifische Regulatoren der Gen-Aktivität?

8.50 Skizzieren Sie ein Modell für die Aktivierung der Transcription bestimmter Gene durch Steroidhormone.

8.51 Von welchen Faktoren ist die Geschwindigkeit der Transcription eines Gens abhängig?

8.52 Was versteht man unter Gen-Amplifikation? In welchen Zellen kommt sie vor?

8.53 In welcher Größenordnung liegt die Halblebenszeit von mRNA in Bakterien, in Pflanzen und in Säugetierzellen? Welche Folgerungen ergeben sich für den Mechanismus der Regulation cellulärer Enzymspiegel?

8.54 Unter welchen Umständen kann die Translation über die Regulation der Transcription gesteuert werden? In welchen Organismen ist das der Fall?

8.55 Von welchen Faktoren ist die Geschwindigkeit der Synthese eines Proteins abhängig? Welche Faktoren können spezifisch, welche nur unspezifisch wirken?

8.56 Skizzieren Sie das Operon-Modell für die "negative" Kontrolle der Transcription bei catabolen Enzymen (Induktion) und bei anabolen Enzymen (Repression).

8.57 Was versteht man unter Catabolit-Repression?

8.58 Skizzieren Sie ein Beispiel für die "positive" Kontrolle der Transcription.

8.59 An der Gen-Regulation sind Proteinfaktoren unterschiedlicher Spezifität beteiligt, z.B. Sigma-Faktor, Catabolitgen-Aktivator-Protein und Repressor-Proteine. Erläutern Sie den Grad der Spezifität an Beispielen.

8.60 Wenn ein Goldfisch darauf trainiert ist, eine einfache Aufgabe durchzuführen, und er kurz danach Puromycin unter die Schädeldecke injiziert erhält, vergißt er, was ihn gelehrt worden war. Geben Sie eine mögliche Erklärung für diesen Befund.

Membranen

Struktur von Membranen

8.61 Wie stellt man sich zur Zeit die Struktur von Membranen vor (Flüssig-Mosaik-Modell)?

8.62 Welche auffallenden Unterschiede gibt es im Lipidmuster von Plasma-, Kern-, Mikrosomen- und Mitochondrien-Membranen?

8.63 Welche Beobachtungen belegen die laterale (zweidimensionale) Beweglichkeit von Makromolekülen in der Membran?

8.64 Von welchen Faktoren ist die Fluidität einer Membran abhängig?

8.65 Geben Sie Beispiele für nicht-frei-bewegliche Proteine, deren Verteilung in der Membran nicht einem Zufallsmuster entspricht. Wie können sie an bestimmten Membranabschnitten fixiert werden?

Bildung und Abbau von Membranen

8.66 Was versteht man unter Selbstaggregation und unter Matrizenmechanismus bei der Membranbildung?

8.67 Wie kann man die unterschiedlichen Protein- und Lipidmuster der verschiedenen Membranen einer Zelle erklären?

8.68 Geben Sie die intracellulären Syntheseorte von Membran-Proteinen, -Glykoproteinen, -Phospholipiden und -Glykolipiden an.

8.69 Welche Rolle spielt der Golgi-Apparat bei der Membranbiogenese?

8.70 Welche Membrankomponenten können durch Vesikelfusion, welche aus intra- und/oder extracellulären Lipoproteinen eingebaut werden?

8.71 Welche Rolle spielen die Lysosomen beim Membranabbau?

Synthese und Abbau einzelner Membrankomponenten

8.72 Skizzieren Sie die beiden unterschiedlichen Wege der Kohlenhydrataddition bei der Glykoprotein-Synthese.

8.73 Erklären Sie die unterschiedliche Enzymausstattung, die den Blutgruppen A, B, AB und O zugrunde liegt.

8.74 Fertigen Sie eine Übersichtsskizze zur Glycerophosphatid-Biosynthese (Phosphatidyl-äthanolamin, -cholin, -serin, -inositol und Biphosphatidyl-Glycerol) an.

8.75 Stellen Sie eine Übersichtsskizze zur Biosynthese von Sphingophosphatiden und Glykolipiden (Sphingomyelin, Cerebrosid, Gangliosid) zusammen.

8.76 Welches Vitamin ist essentiell für die Biosynthese von Membrankomponenten? Welche Syntheseschritte sind vitaminabhängig?

8.77 Welche Enzyme leiten den Abbau von Glycerophosphatiden ein? Welche Wirkungsspezifität haben sie?

8.78 Warum führt Schlangengift zur Hämolyse?

Funktion von Membranen

8.79 Erläutern Sie die unterschiedlichen Funktionen von Membranen.

8.80 "Kein Leben ohne Membranen". Können Sie sich diesem Schlagwort anschließen? Begründen Sie Ihre Meinung.

8.81 Stellen Sie eine Übersicht über die Kompartmentierung wichtiger Stoffwechselwege zusammen.

8.82 Was versteht man unter aktivem und passivem Transport? Erläutern Sie die Problematik dieser Begriffe.

8.83 Erläutern Sie die Unterschiede zwischen nichtkatalysierten und katalysierten Diffusionsprozessen.

8.84 Erklären Sie an Beispielen die Begriffe Uniport, Symport und Antiport.

8.85 Skizzieren Sie den Mechanismus der elektrogenen Na^+/K^+-ATPase.

8.86 Vergleichen Sie die Glucoseaufnahme in Erythrocyten und Enterocyten.

8.87 Durch welche Mechanismen werden Makromoleküle durch Membranen transportiert? Geben Sie Beispiele für ihre Aufnahme in und Abgabe aus eukaryontischen Zellen. Welche makromolekularen Komponenten sind an den Prozessen beteiligt?

8.88 Plasmamembranen haben die Funktion, extracelluläre Signale zu verarbeiten. Geben Sie einige Beispiele

und erläutern Sie einen denkbaren Mechanismus
dieser Signalverarbeitung.

8.89 Welche Membrankomponenten fungieren als Signal-
receptoren, welche als Träger der Zellidentität?

8.90 Welche Oberflächen-Antigen-Systeme sind bei
menschlichen Zellen bekannt?

8.91 Welche Membrankomponenten tragen zur gegenseiti-
gen Abstoßung zirkulierender Zellen bei?

8.92 Warum ist eine Fusion unterschiedlicher Membranen
möglich? Bei welchen Prozessen spielt dieser Vorgang eine Rolle?

Cytoskelet

8.93 Was versteht man unter dem Begriff Cytoskelet?

8.94 Aus welchen Komponenten besteht das Cytoskelet?
Wie lassen sich diese klassifizieren? Beschreiben
Sie deren Struktur.

8.95 Erläutern Sie den Begriff dynamische Faserstruk-
tur.

8.96 Erklären Sie die Funktionen der Actinfilamente,
der Mikrotubuli und der Tonofilamente. Beachten
Sie Gemeinsamkeiten und Unterschiede.

Cytosole

8.97 Welche Konsistenz würden Sie einem Cytosol als
einer 3o%igen Proteinlösung zuschreiben?

8.98 Erläutern Sie die unterschiedlichen katalytischen Eigenschaften eines Cytosols und einer
Membran.

8.99 Welche der Stickstoffunktionen in Purinen und
Pyrimidinen werden mit Hilfe von Glutamin, welche
mit Aspartat synthetisiert?

8.100 Skizzieren Sie die Neusynthese und die Wieder-
verwertungssynthese von ATP.

8.101 Blutkonserven werden mit Glucose, Inosin und
Citrat stabilisiert. Erklären Sie die Wirkungen
der zugesetzten Substanzen.

8.102 Skizzieren Sie die wichtigsten Regulationsmechanismen bei der Purin- und Pyrimidinbiosynthese.

8.103 Skizzieren Sie Bildung und Verbrauch von C_1-Te-
trahydrofolat-Verbindungen.

8.104 Beschreiben Sie die Biosynthese von NAD, FAD,
Coenzym A und Coenzym B_{12}.

8.105 Geben Sie einen Überblick über wichtige wasserlösliche Vitamine, die entsprechenden Coenzyme und deren biochemische Funktion.

8.106 Stellen Sie die wichtigsten Stoffwechselprozesse in den verschiedenen Cytosolen zusammen.

Intercellularsubstanz

8.107 Beschreiben Sie die Struktur von Kollagen (Aminosäuren-Zusammensetzung, Art der Helix und Superhelix, Fibrillenbildung).

8.108 Was ist der Unterschied zwischen Proteoglykanen und Glykoproteinen?

8.109 Beschreiben Sie die Struktur des sauren Proteoglykans Chondroitinsulfat-Protein (Komponenten und Bindungstyp der repetitiven Disaccharideinheit, des Verbindungsglykosids und des Proteingerüsts). Warum werden diese Proteoglykane als polyanionische oder auch als saure Mucopolysaccharid-Proteine bezeichnet?

8.110 Welche Proteoglykane sind neutral?

8.111 Beschreiben Sie die Mineralisierung des Knorpels zum Knochen.

8.112 Skizzieren Sie die Synthese von Kollagen. Geben Sie an, welche Schritte intra-, welche extracellulär ablaufen. Welche Vitamine sind notwendig? Welche Zellen sind zur Synthese befähigt?

8.113 Wie werden die einzelnen Kollagenmoleküle zu Kollagenfibrillen kovalent verknüpft?

8.114 Skizzieren Sie den Abbau von Kollagen. Welche Schritte laufen extra-, welche intracellulär ab?

8.115 Welche Zelltypen der Leber synthetisieren, welche bauen Proteoglykane ab?

8.116 Skizzieren Sie die Synthese eines Proteoglykans unter Berücksichtigung der intra- und extracellulären Lokalisation.

8.117 Erläutern Sie den Abbau eines Proteoglykans. Erfolgt der Abbau extra- oder intracellulär?

8.118 Stellen Sie eine Übersicht über die Halblebenszeit von Bindegewebsbestandteilen zusammen (Kollagen in verschiedenen Organen, verschiedene Proteoglykane).

8.119 Erläutern Sie Funktionen des straffen und des lockeren Bindegewebes. Durch welche Faktoren werden die Funktionen beeinflußt?

8.120 Wie unterscheidet sich die sog. Basalmembran der Capillaren von cellulären Membranen?

8.121 Welche molekularen Vorgänge laufen bei Beginn und beim Abklingen einer Entzündung ab?

Neoplasien

8.122 Welche exogenen Reize können zur Entstehung von Krebs führen? Lassen sie sich klassifizieren?

8.123 Nicht jeder carcinogene Reiz führt zur Entstehung einer Krebszelle und nicht jede Krebszelle wird zu klinisch manifestem Krebs. Warum?

8.124 Welche molekularen Unterschiede bestehen zwischen normalen und cancerösen Zellen? (Chromosomenzahl und Form, DNA-Gehalt, Zelloberfläche, Zellcyclus).

8.125 Warum manifestiert sich Krebs bei alten Menschen häufiger als bei jungen?

8.126 Warum ist Krebs ein zellsoziologisches Problem?

8.127 Die Chemotherapie von Tumoren beruht weitgehend auf der Hemmung der DNA- und RNA-Synthese. Geben Sie eine Übersicht über die verschiedenen Angriffspunkte von Cytostatica.

8.128 Stellen Sie eine Übersicht über Hemmstoffe der Nucleotidsynthesen zusammen und geben Sie die Spezifität in bezug auf Replikation bzw. Transcription an. Welche Hemmstoffe lassen sich therapeutisch verwenden?

8.129 Geben Sie wichtige zellbiologische Veränderungen an, die die oncogene Transformation durch Tumorviren hervorrufen kann.

8.130 Welche 4 verschiedenen Prozesse sind nach Infektion mit Tumorviren möglich?

8.131 Beschreiben Sie die Wirkung von SV40-Infektionen bei Hamsterzellen und bei Affennierenzellen.

8.132 Skizzieren Sie die wichtigsten Schritte bei der Integration und Expression eines DNA-Tumorvirus-Genoms.

8.133 Skizzieren Sie die wichtigsten Schritte bei der Integration und Expression eines RNA-Tumorvirus-Genoms.

8.134 Beschreiben Sie die Onco-Gen Theorie des Krebs. Durch welche Faktoren kann die Expression des Genoms der endogenen RNA-Tumorviren ausgelöst werden?

8.135 Was versteht man unter "vertikaler" und "horizontaler" Infektion mit RNA-Tumorviren?

8.136 Skizzieren Sie die Einzelschritte der reversen-
Transcriptase-Reaktion.

Lysosomale Krankheiten

8.137 Entwerfen Sie eine Skizze zur Illustration der Begriffe Heterophagie, Autophagie, primäres und sekundäres Lysosom und Residual-Körper.

8.138 Nennen Sie die Enzymgruppen, die zum Abbau von Proteinen, DNA, RNA und Polysacchariden in Lysosomen zur Verfügung stehen.

8.139 In welchen Kompartimenten einer Zelle werden Lysosomen und Peroxisomen gebildet?

8.140 Wie sind die lysosomalen Krankheiten definiert?

8.141 Warum ist bei den lysosomalen Krankheiten das angehäufte Material häufig heterogen?

8.142 Nennen Sie Beispiele lysosomaler Krankheiten.

8.143 Können Sie erklären, wieso lysosomale Enzyme unter physiologischen Bedingungen im Urin gefunden werden?

8.144 Was versteht man unter Sphingolipidosen? Welche Organe sind betroffen? Geben Sie einige Beispiele.

Gicht

8.145 Skizzieren Sie die verschiedenen Wege der Bildung und des Abbaus von Purinnucleotiden. Zeigen Sie an der Skizze, welche Störungen zu einer primären oder sekundären Hyperuricämie führen können.

8.146 Beschreiben Sie kurz die allgemeine Symptomatik der Gicht.

8.147 Welche langfristigen und welche kurzfristigen therapeutischen Maßnahmen sind bei Gicht bzw. Gichtanfällen angezeigt? Erläutern Sie die molekularen Grundlagen der verschiedenen Maßnahmen.

Arteriosklerose

8.148 Beschreiben Sie den cellulären und molekularen Aufbau der Arterienwand.

8.149 Skizzieren Sie den Lipoproteinstoffwechsel der Arterienwand.

8.150 Welche Vorstellungen hat man über die cellulären und molekularen Vorgänge bei der Entstehung einer Arteriosklerose?

8.151 Erläutern Sie die Risikofaktoren für die Ausbildung einer Arteriosklerose.

8.152 Welche prophylaktischen oder therapeutischen Maßnahmen sind heute bei Arteriosklerose möglich bzw. aufgrund der Vorstellungen zur Pathogenese der Krankheit denkbar?

9 Bereitstellung von Molekülen für spezielle Transport- und Signalprozesse

Übungen

Steroidkomponenten in Blut und Galle

Cholesterol

9.01 Welche Funktionen hat Cholesterol? Wie wird es im Serum transportiert?

9.02 Geben Sie in Form einer kleinen Tabelle eine Übersicht über Zusammensetzung, Herkunft und Funktion der Lipoproteine (Chylomikronen, Prä-β-Lipoproteine, β-Lipoproteine und α-Lipoproteine) des Serums.

9.03 Skizzieren Sie den enterohepatischen Kreislauf des Cholesterols unter Angabe der Flußraten (g/d).

9.04 Welche Organe können Cholesterol de novo in ausreichendem Maß synthetisieren, welche können es nur unzureichend oder gar nicht?

9.05 Von welchen Faktoren scheint der Serum-Cholesterol-Spiegel abhängig zu sein?

9.06 Welche Gemeinsamkeiten und welche Unterschiede weisen die Fettsäuresynthese, die Ketogenese und die Cholesterolsynthese auf (Mechanismus, Lokalisation)?

9.07 Wie wird die Cholesterolsynthese reguliert? Gibt es Organunterschiede bei der Regulation?

9.08 Formulieren Sie die Cholesterol-Synthese ausführlich bis zur Mevalonsäure.

9.09 Grenzen Sie gegeneinander ab: Oxygenasen, Oxidasen, Dehydrogenasen, Peroxidasen. Skizzieren Sie jeweils ein Beispiel.

9.10 Von den Elementen C, H, O, N, S, P können Tiere O_2 aus elementarer Form assimilieren. Welche Enzyme sind daran beteiligt?

Gallensäuren

9.11 Welche Funktionen haben die Gallensäuren?

9.12 Skizzieren Sie den enterohepatischen Kreislauf der Gallensäuren unter Angabe der Flußraten (g/d). Welche Funktion hat der Kreislauf?

9.13 Welche Teilschritte sind für die Umwandlung von Cholesterol zu Gallensäuren notwendig?

9.14 Was versteht man unter primären und sekundären Gallensäuren?

9.15 Wie werden konjugierte Gallensäuren synthetisiert?

Hämoglobin und Plasmaproteine

Hämoglobin

9.16 Welche Enzyme und Proteine zählen zu den Porphyrinproteinen und welche Hauptfunktionen erfüllen sie?

9.17 Welche strukturellen und biochemischen Unterschiede bestehen zwischen Erythroblasten, Reticulocyten und Erythrocyten?

9.18 Wieviel Erythrocyten werden von einem gesunden Menschen täglich gebildet?

9.19 Skizzieren Sie die Häm-Biosynthese. Welche Schritte der Häm-Biosynthese erfolgen in den Mitochondrien und welche im Cytosol?

9.20 In welchen Organen kann Häm gebildet werden und in welchen Proteinen ist es enthalten?

9.21 Bei der Hämoglobinsynthese im Knochenmark wird eine koordinierte Synthese von Häm und Globin-Polypeptidketten erwartet. Durch welchen Mechanismus könnte dies erfolgen? Wie wird die Hämsynthese reguliert?

9.22 Skizzieren Sie den Abbau von Häm bis zum Bilirubin. Welche Organe sind dazu befähigt und welche subcellulären Strukturen sind beteiligt?

9.23 Warum und wie kann die Leber (und nicht etwa die Milz) Bilirubin ausscheidungsfähig machen?

9.24 Erläutern Sie, wie und wo Bilirubin nach Sekretion durch die Leber vor der endgültigen Ausscheidung umgesetzt wird.

Albumin, Globuline

9.25 Welche Plasmaproteine werden in der Leber gebildet? Geben Sie ihre Funktionen an.

9.26 Skizzieren Sie den Wasser- und Substrat/Produkt-Austausch im Capillarbereich.

9.27 Wie entstehen Ödeme bei Hypoalbuminämie?

9.28 Welche funktionell sehr heterogenen Proteine gehören zur Klasse der Globuline? Unterscheiden Sie Proteine und Glykoproteine.

9.29 Geben Sie ein Beispiel für ein Sekretionsenzym. Skizzieren Sie die von dem Enzym katalysierte Reaktion. Geben Sie das sezernierende Organ an.

9.30 Wie verhalten sich Sekretionsenzyme und Zellenzyme bei Organschädigungen?

9.31 Geben Sie einen Überblick über wichtige Leberparenchym-Funktionsproben.

9.32 Erläutern Sie Synthese und Sekretion von Proteinen, insbesondere die Signal-Hypothese für den Transfer von Proteinen durch Membranen. Wie steuert die Zelle den Verbleib eines neusynthetisierten Proteins (Cytosol, Mitochondrien, Lysosomen u.a. oder Serum)?

Hormone

Steroidhormone

9.33 Welche wichtigen Wirkstoffe werden in Säugetieren ausgehend vom Cholesterol gebildet? Geben Sie Organunterschiede an.

9.34 Beschreiben Sie den allgemeinen Wirkungsmechanismus von Steroidhormonen.

9.35 Skizzieren Sie in einer vereinfachten Übersicht die Biosynthese von Cortisol und Aldosteron.

9.36 Wie werden Cortisol und Aldosteron inaktiviert und ausgeschieden?

9.37 Beschreiben Sie die Komponenten von Steroid-Hydroxylierungs-Systemen. In welchen Zellkompartimenten kommen sie vor? Wie werden die Komponenten bereitgestellt?

9.38 Erläutern Sie kurz die Wirkungen von Cortisol und Aldosteron.

9.39 Geben Sie für die einzelnen Gruppen der Steroidhormone einfache chemische Kennzeichen an (Zahl der C-Atome, Seitenketten, Hydroxylierung, aromatischer oder aliphatischer Charakter usw.).

9.40 Erläutern Sie die Wirkungen von Androgenen, Oestrogenen, Gestagenen und Anabolica.

9.41 Wie wird die Synthese von Cortisol, Aldosteron, Testosteron, Oestradiol und Progesteron gesteuert?

9.42 Warum sollte "aktives" Vitamin D besser als ein Hormon bezeichnet werden?

9.43 Skizzieren Sie die Biosynthese von 1,25-Dihydroxycholecalciferol.

9.44 Erläutern Sie Wirkung und Wirkungsmechanismus von "aktivem" Vitamin D.

Thyroxin

9.45 Erläutern Sie kurz die Wirkungen von Thyroxin.
9.46 Beschreiben Sie die Grundzüge der Thyroxin-Synthese und Freisetzung unter Berücksichtigung der Lokalisation der Schritte innerhalb der Schilddrüse.
9.47 Wie wird die Thyroxin-Synthese und Freisetzung reguliert?
9.48 Skizzieren Sie den Jodid-Kreislauf im Körper.
9.49 Wie kann die Thyroxinsynthese therapeutisch gehemmt werden?

Proteohormone

9.50 Welche Proteohormone sind reine Proteine, welche sind Glykoproteine? In welchen Organen werden sie gebildet? Geben Sie die Hauptwirkungen an.
9.51 Skizzieren Sie den Wirkungsmechanismus von Proteohormonen.
9.52 Was versteht man unter glandulären und nicht-glandulären Hormonen? Geben Sie Beispiele.
9.53 Welche Arten neurosekretorischer Zellen können morphologisch und funktionell im Hypothalamus unterschieden werden?
9.54 Erläutern Sie die Begriffe Neurohypophyse und Adenohypophyse.
9.55 Wie wird neuronale in hormonelle Information umgesetzt? Welche Zellen (Organe) sind dazu befähigt?
9.56 Skizzieren Sie die Wirkung der Hypophysenvorderlappenhormone FSH und LH beim Mann und bei der Frau und die Regulation ihrer Freisetzung.
9.57 Erläutern Sie die Steuerung des Ovulations- und Menstruationscyclus. Wie wirken orale Contraceptiva?
9.58 Welches Hormon wird in der modernen Schwangerschaftsfrühdiagnose im Urin bestimmt?
9.59 Wie wird der Calcium-Haushalt gesteuert.

Catecholamine

9.60 Skizzieren Sie die Biosynthese von Catecholaminen.
9.61 Erläutern Sie die Wirkung und den Wirkungsmechanismus zirkulierender Catecholamine.

9.62 Skizzieren Sie den Abbau der zirkulierenden Catecholamine Noradrenalin und Adrenalin. In welchem Organ findet er hauptsächlich statt?

Prostaglandine und Thromboxane

9.63 Was ist ein Gewebshormon? Nennen Sie Beispiele. In welchen Punkten unterscheiden sich Gewebshormone und zirkulierende Hormone?

9.64 Trotz der Vielfalt der Wirkungen der einzelnen Prostglandine können 2 Wirkungsmechanismen unterschieden werden. Erläutern Sie die Situation.

9.65 Geben Sie Beispiele für die Wirkung von Prostaglandinen in einigen Organen (Fettgewebe, Uterus u.a.).

9.66 Was sind Thromboxane? Nennen Sie einen Prozeß, bei dem sie eine Rolle spielen.

Porphyrien

9.67 Was versteht man unter Porphyrie und welche Hauptklassen werden unterschieden?

9.68 Warum ist bei Porphyrien der Harn meist rot gefärbt? Geben Sie die Verbindungen und den Mechanismus ihrer Bildung an.

9.69 Wie unterscheiden sich Porphyrine vom Typ I und III?

9.70 Skizzieren Sie die Pathogenese (Enzymdefekt, Stoffwechselstörung, klinisch-chemische und klinische Symptome) der erythropoetischen Porphyrie.

9.71 Erläutern Sie die Pathogenese der akuten intermittierenden hepatischen Porphyrie.

9.72 Welche Enzyme der Häm-Synthese sind in welchen Zellen bei einer Bleivergiftung betroffen?

Hyperbilirubinämien

9.73 Wie kann man erythrocytäre und extraerythrocytäre Anämien unterscheiden?

9.74 Was versteht man unter "direktem" und "indirektem" Bilirubin?

9.75 Erläutern Sie an einer Skizze die unterschiedlichen Arten des Ikterus.

9.76 Welche therapeutischen Maßnahmen sind bei Hyperbilirubinämie von Neugeborenen oder infolge von sphärocytärer Anämie, von Steroid-Cholestase, von Virus-Hepatitis und von Gallenwegsverschlüssen angezeigt?

10 Biologische Abwehr

Übungen

Biotransformation

10.01 Welches sind die Funktionen der Biotransformation?

10.02 Können Sie folgender Behauptung zustimmen: "Nur weil es die Biotransformationsreaktionen im Körper gibt, sind viele lipophile Pharmaka überhaupt als Arzneimittel verwendbar"?

10.03 Skizzieren Sie das Schema der Biotransformation mit den hauptsächlichen Reaktionen in Phase I und II.

10.04 Unter chronischer Barbituratbehandlung kommt es zu einer Proliferation des glatten endoplasmatischen Reticulums in den Leberzellen. Welchen Einfluß übt diese Veränderung auf den Stoffwechsel anderer Pharmaka aus?

10.05 Katalysieren die Enzyme der Biotransformation nur die Verstoffwechselung exogener, körperfremder Substanzen oder katalysieren sie auch Reaktionen endogener Substanzen? Wenn ja, kennen Sie Beispiele?

10.06 Skizzieren Sie den Mechanismus der durch die Cytochrom-P_{450}-Monooxygenase katalysierten Hydroxylierungsreaktion.

10.07 Erläutern Sie die Besonderheiten der Biotransformation bei Neugeborenen.

Immunabwehr

10.08 Skizzieren Sie die Grundzüge der humoralen und cellulären Immunantwort.

10.09 Nennen Sie die Hauptunterschiede zwischen T-Lymphocyten und B-Lymphocyten.

10.10 Was ist ein Antigen? Durch welche Antigene wird bevorzugt eine humorale bzw. celluläre Immunreaktion ausgelöst?

10.11 Wie unterscheiden sich Determinante und Hapten eines Antigens?

10.12 Was ist ein Antikörper? In welchen Zellen und in welchen intracellulären Kompartimenten wird er synthetisiert?

10.13 Skizzieren Sie ein IgG-Molekül unter Zuordnung der spezifischen Funktionen zu den einzelnen Teilen des Moleküls.

10.14 Welche Moleküle beschreiben die genetische Basis der Antikörpervariabilität?

10.15 Welche Faktoren regulieren die humorale Immunantwort? Kennen Sie pathologische Veränderungen dieser Kontrolle?

10.16 Was versteht man unter Opsonierung?

10.17 Wie kommen Hypersensitivitätsreaktionen zustande? Beschreiben Sie den Mechanismus der anaphylaktischen Hypersensitivität.

10.18 Was halten Sie von dem Vorschlag: "Kontaktdermatitis ist mit Antihistaminica zu behandeln"?

10.19 Skizzieren Sie die zellvermittelte Immunantwort am Beispiel einer Transplantatabstoßung.

10.20 Wie kann man allergische Reaktionen gegenüber Penicillin oder Sulfonamiden molekular erklären?

Unspezifische Abwehr

10.21 Erklären Sie den Unterschied zwischen spezifischer und unspezifischer Phagocytose.

10.22 Beschreiben Sie die Mechanismen der Abtötung und des Abbaus eines phagocytierten Bakteriums.

10.23 Welche äußerlich sichtbaren Phänomene zeigt eine Entzündung?

10.24 Erläutern Sie die drei Prozesse, die die Entzündungsreaktion des Gewebes charakterisieren.

10.25 Nennen Sie die Hauptvertreter der Substanzen, welche die Entzündungsreaktion vermitteln. Wie wird ihre Freisetzung bzw. Neubildung ausgelöst? Wie werden sie synthetisiert und abgebaut?

10.26 Erläutern Sie die Grundlagen der Entstehung von Fieber.

10.27 Beschreiben Sie die Wirkung von Interferon. Warum ist es ein unspezifischer Abwehrfaktor?

10.28 Bei welchen Virusinfektionen ist Interferon der Hauptabwehrmechanismus? Warum?

10.29 Welches Enzym ist hauptsächlich für die externe Bakteriolyse verantwortlich? Erläutern Sie die von ihm katalysierte Reaktion.

Blutungsstillung

10.30 Skizzieren Sie die zwei Prozesse, auf denen die Blutungsstillung beruht. Wie werden diese Prozesse ausgelöst?

10.31 Erläutern Sie, unter welchen Bedingungen vorwiegend rote oder vorwiegend weiße Thromben entstehen.

10.32 Besteht eine Wechselwirkung zwischen Thrombocytenaggregation und Blutgerinnung? Wenn ja, worin besteht sie?

10.33 Welche Rolle spielen ADP, Serotonin, Plasmafaktor 3 und Thromboxane bei der Thrombocytenaggregation?

10.34 Wie wird nicht mehr benötigtes Fibrin und ein Thrombocytenaggregat abgebaut?

11 Kontraktion und Bewegung

Übungen

Das Actomyosin-System

11.01 Können Sie eine molekulare Erklärung für den Satz geben: "Calcium wirkt als Derepressor der Kontraktion"?

11.02 Die Muskelkontraktion kommt durch die Wechselwirkung zwischen Actin und Myosin zustande. Stellen Sie in schematischen Längsschnitten durch ein Sarkomer die Einzelschritte dieser Wechselwirkung und ihren Einfluß auf die Länge des Sarkomers graphisch dar.

11.03 Tragen Sie in das in 11.02 entwickelte Schema den Angriffspunkt für Ca^{2+} und die Rolle von ATP bei der Kontraktion ein.

11.04 Warum tritt häufig nach einem Kurzstreckensprint eine Lactatacidose auf, nicht jedoch nach einem Langstreckenlauf?

11.05 Können Sie eine biochemische Begründung für die Nützlichkeit von Intervalltraining geben?

11.06 Die Tatsache, daß der Typ der Innervierung eine weiße Muskelfaser in eine rote umwandeln kann und umgekehrt, deutet darauf hin, daß die - bis heute nicht molekular definierbare - trophische Wirkung einer Nervenzelle an einem zentralen Punkt der innervierten Zelle angreift. Welcher Angriffspunkt erscheint Ihnen am wahrscheinlichsten?

11.07 Erläutern Sie die unterschiedliche Funktion, molekulare Ausstattung und Art der Energieproduktion von roten und weißen Muskelfasern.

11.08 Nennen Sie Prozesse, bei denen (abgesehen von der Muskelkontraktion) Actin- und Myosinproteine wahrscheinlich eine Rolle spielen.

11.09 Skizzieren Sie die Biosynthese von Creatin. Welche essentiellen Aminosäuren werden benötigt? In welchen Organen findet die Biosynthese statt?

11.10 Welche Funktion hat Creatin? Wie wird es ausgeschieden?

11.11 Welche Funktion haben die cytosolische und die ektomitochondriale Creatin-Kinase?

11.12 Bei rascher, extremer Muskelarbeit steigt die Creatin-Ausscheidung im Urin an. Können Sie dafür eine Erklärung geben?

Das Mikrotubuli-System

11.13 Erläutern Sie den molekularen Aufbau eines Mikrotubulus.

11.14 Erklären Sie Funktion und Wirkungsweise von Cilien und Flagellen bei Eukaryonten.

11.15 Versuchen Sie unter Einbeziehung der angegebenen Teilschritte den richtigen Zeitablauf der Zellteilung zu rekapitulieren: Trennung der Chromosomen, Auflösung der Kernmembran, Chromosomenduplikation, Ausbildung des Spindelapparates, Trennung in 2 Tochterzellen. Erläutern Sie dabei die Wirkung von Mikrotubuli und Actomyosin-Komponenten.

11.16 Warum hemmt Colchicin die Zellteilung?

11.17 Intracelluläre Fasern sind an der Erhaltung der Form, der Stabilität und der Flexibilität einer Zelle sowie auch an intracellulären Bewegungsvorgängen beteiligt. Erläutern Sie die Situation.

12 Kommunikation durch Neuronen

Übungen

Signalfluß im Nervensystem

12.01 Klassifizieren Sie die afferenten und efferenten Nervenfasern und geben Sie ihre Funktion im Nervensystem an.

12.02 Welche Funktionen werden dem ZNS zugeordnet?

Aufbau des Nervensystems

12.03 Skizzieren Sie die Neuronen mit Dendriten, Axon und Nervenendigung.

12.04 Zeichnen Sie in die Skizze von Übung 12.03 folgende Zellorganellen ein: Mikrotubuli, rauhes endoplasmatisches Reticulum, Lysosomen, synaptische Vesikel, Zellkern und Mitochondrien. Beachten Sie die intracelluläre Lokalisation.

12.05 Welche Funktion und Richtung hat der axonale Transport?

12.06 Nennen Sie die Energiesubstrate, auf denen die ATP-Produktion in den Nervenzellen beruht. Bei welchen Prozessen wird ATP im Neuron verbraucht?

12.07 Welche physiologische Funktion kann man der Blut-Hirn-Schranke zuordnen? Nennen Sie ihre strukturellen und funktionellen Eigenschaften.

12.08 Nennen Sie die verschiedenen Funktionen von Gliazellen.

Biochemische und biophysikalische Grundlagen der Kommunikation durch Neuronen

12.09 Mit welchen 3 Typen von Signalen operiert das Nervensystem?

12.10 Wie und wo entsteht im Neuron ein elektrotonisches Potential? Welche Funktion hat es?

12.11 Wie und wo entsteht im Neuron ein Aktionspotential? Welche Funktion hat es?

12.12 Erläutern Sie die charakteristischen Unterschiede zwischen einem elektrotonischen Potential und einem Aktionspotential.

12.13 Geben Sie eine Definition des Begriffs Neurotransmitter.

12.14 Stellen Sie anhand der Skizze einer Synapse die 3 Hauptprozesse der synaptischen Übertragung dar.

Signalaufnahme durch das sensorische, afferente Nervensystem

12.15 Stellen Sie den Aufbau und die Funktion einer Photoreceptorzelle dar (Umwandlung von Lichtenergie in eine Änderung des Membranpotentials).

12.16 Wie wird das photochemisch veränderte Sehpigment regeneriert?

Signalverarbeitung im Zentralnervensystem

12.17 Welche Substanzen bezeichnet man als Catecholamine? In welchen Organen kommen sie vor? Welche Funktion üben sie dabei jeweils aus?

12.18 Stellen Sie die Synthese und den Abbau der Catecholamine dar. Wie wird die Synthese reguliert?

12.19 Über welche Receptoren wirken die verschiedenen Catecholamine im ZNS und im peripheren Nervensystem?

12.20 Welcher Haupteffekt liegt der Parkinson'schen Krankheit zugrunde? Nennen Sie eine Möglichkeit der Therapie.

12.21 Welche Vorstellungen hat man heute über die Wirkung antipsychotischer Pharmaka?

12.22 In welchen Zellen kommt beim Menschen Serotonin vor?

12.23 Stellen Sie die Synthese und den Abbau von Serotonin dar.

12.24 Wie wird die Synthese von Serotonin reguliert?

12.25 Bei welchem Prozeß spielen serotoninerge Neuronen eine Rolle?

12.26 Stellen Sie die Synthese und den Abbau von γ-Aminobuttersäure (GABA) dar. Welches Coenzym spielt dabei eine besondere Rolle?

12.27 Skizzieren Sie eine GABAerge Synapse. Zeichnen Sie die Synthese, die Inaktivierung und den Abbau von GABA ein.

12.28 Bei welchen physiologischen Prozessen spielen GABAerge Neuronen vermutlich eine Rolle? Welche Hinweise gibt es dafür?

12.29 Lernen und Gedächtnis zählen zu den plastischen Eigenschaften des Gehirns: Welche Struktur der Nervenzelle scheint die Basis für diese plastischen Eigenschaften zu sein?

12.30 Welche Vorstellungen hat man heute über die Speicherung von Information im ZNS?

Signalabgabe über das efferente Nervensystem

12.31 Skizzieren Sie eine cholinerge Synapse und zeichnen Sie die Prozesse der Synthese, Freisetzung, Inaktivierung und Abbau von Acetylcholin ein. Welche Pharmaka beeinflussen diese Prozesse? Welche therapeutische Anwendung finden sie?

12.32 Nennen Sie 2 Typen von cholinergen Neuronen, die periphere Organe innervieren. Über welche cholinerge Receptortypen wirken sie?

12.33 Erklären Sie die Wirkung der Parasympathicus-Aktivität an folgenden Organen: Darm, Herz, Pupille, exokrine Drüsen.

12.34 Skizzieren Sie eine noradrenerge Synapse und zeichnen Sie die Prozesse der Synthese, Freisetzung, Receptorbindung, Inaktivierung und Abbau des Neurotransmitters ein.

12.35 Nennen Sie die Wirkung der Sympathicus-Aktivität an den Organen Herz (einschließlich Koronargefäße), Darm, Bronchien, Pupille und Blutgefäße in Skeletmuskeln und Haut unter Berücksichtigung der verschiedenen Receptoren.

12.36 Nennen Sie Pharmaka, die die Speicherung, Freisetzung und postsynaptische Wirkung von Noradrenalin beeinflussen. Tragen Sie den Angriffsort in die Skizze von Übung 12.34 ein. Erklären Sie die mögliche therapeutische Anwendung dieser Pharmaka.

1 Funktionen des Stoffwechsels

Prüfungsfragen

Zellen als Energietransformatoren

1 (C): Im Zellstoffwechsel wird immer Wärme frei, weil die Energieumwandlungen nicht mit 100% Ausbeute ablaufen.

2 (A): Welche Substanz ist Träger der "biologischen" Energie?

A Glucose D Adenosintriphosphat
B Palmitat E Pyrophosphat
C Glucagon

Energiesubstrate, Energiespeicher

3 (E,D): In der folgenden Tabelle sind Fehler. Bei welcher Ziffer?

Tabelle Energiespeicher des Menschen (70kg)

Organ	Glykogen	Triglycerid	Protein
Leber	≤ 150 g (1)		
Fettgewebe		14000 g (3)	
Muskel	≤ 300 g (2)		6000 g (4)

4-6 (B): Who is who?

$$4\ H_3\overset{+}{N}-\underset{\underset{CH_3\ \ CH_3}{CH}}{\overset{COO^-}{C}}-H \qquad 5\ H_3\overset{+}{N}-\underset{\underset{\underset{CH_3\ \ CH_3}{CH}}{CH_2}}{C}-H \qquad 6\ H_3\overset{+}{N}-\underset{\underset{\underset{CH_3}{CH_2}}{\underset{}{CH}\ \ CH_3}}{C}-H$$

A Alanin D Lysin
B Valin   E Isoleucin
C Leucin

7 (D): Welche Zuordnungen sind richtig?

```
      H-C=O              H-C=O                  + COO⁻
1  H-C-OH          2  H-C-OH            3  H₃N-C-H
   HO-C-H             HO-C-H                    CH₂OH
   HO-C-H             H-C-OH
   H-C-OH             H-C-OH
      CH₂OH              CH₂OH
= Glucose          = Galaktose          = Threonin
```

```
        + COO⁻
4  H₃N-C-H
        CH₂
        CH₂
      O=C-NH₂
= Glutamin
```

8 (D): Welche Zuordnungen sind richtig?

```
     C              C              C              C
1    C=O       2    O         3    C         4    C=O
     NH             C-O-C           NH              O
     C              C              C              C

= Äther       = Glykosid     = Peptid       = Ester
```

Stoffwechsellagen

9-11 (B): Geben Sie für jede Stoffwechsellage das Haupthormon an.

  9 Resorptionsphase
10 Postresorptionsphase
11 Motorische Aktivität

A Glucagon
B Insulin
C Histamin
D Catecholamine
E Thyroxin

12 (A): Welche der angeführten Effekte kennzeichnen die frühe Resorptionsphase (Ruhe). Bringen Sie die Effekte in die richtige Reihenfolge.

1 Blut-Glucose ↑
2 Blut-Fettsäuren ↑
3 Glykogen-Synthese in Leber und Muskel
4 Catecholamin-Ausschüttung
5 Lipolyse im Fettgewebe
6 Triglyceridsynthese im Fettgewebe
7 Insulin-Ausschüttung
8 Glucagon-Ausschüttung

A 1 3 2 6   D 7 6 3 1
B 1 7 3 6   E 8 4 1 2
C 1 3 7 6

Stoffwechsel wichtiger Organe

13 (D): Welche Prozesse laufen in der Leber gleichzeitig mit der Gluconeogenese ab?

1 ß-Oxidation von Fettsäuren
2 Liponeogenese
3 Harnstoffbildung
4 Ketonkörperoxidation

14 (D): Welches Organ gibt freie Fettsäuren ans Blut ab?

A Leber   D Niere
B Fettgewebe   E ZNS
C Muskel

15 (A): Welcher Prozeß ist organspezifisch?

A Gluconeogenese D Ketolyse
B Liponeogenese   E ß-Oxidation
C Harnstoffbildung

16 (D): Welche Organe können Glucose ans Blut abgeben?

1 ZNS   3 Erythrocyt
2 Niere   4 Leber

17 (A): Welches Organ ernährt sich auch in der Postresorptionsphase hauptsächlich von Glucose?

A Leber   D Nierenrinde
B Fettgewebe   E ZNS
C Muskel

18-22 (B): In welchen Organen werden welche Substanzen in der Postresorptionsphase (Ruhe) überwiegend gebildet bzw. freigesetzt?

18	Leber	A	Fettsäuren
19	Fettgewebe	B	Glucose
20	Muskel	C	Aminosäuren
21	Niere	D	Ammoniak
22	Erythrocyten	E	Lactat

23-28 (B): Geben Sie für jedes Organ an, welcher für andere Organe quantitativ wichtige Speicherstoff enthalten ist.

23	Leber	A	Glykogen
24	Fettgewebe	B	Triglyceride
25	Nierenrinde	C	Protein
26	Erythrocyt	D	O_2-Myoglobin
27	Muskel	E	Kein wichtiger Speicherstoff
28	ZNS		

29 (D): Welche Prozesse werden ausschließlich von der Leber katalysiert?

1 Glykogenolyse zu freier Glucose
2 Gluconeogenese
3 Harnstoffbildung
4 Ketolyse

30 (D): Welche Prozesse laufen in der Leber gleichzeitig zur Lipolyse im Fettgewebe ab?

1 Liponeogenese   3 Glykogen-Synthese
2 Gluconeogenese   4 Ketogenese

31 (C): Die Nierenrinde ist auf Glucose als Energiesubstrat angewiesen, weil sie praktisch keine Mitochondrien enthält.

Wechselbeziehungen zwischen Organen

32 (D): In der Postresorptionsphase (Ruhe) bestehen über Glucose folgende Wechselbeziehungen

1 Leber ⟶ ZNS
2 Fettgewebe ⟶ Muskel
3 Nierenrinde ⟶ Erythrocyt
4 Muskel ⟶ Leber

33 (D): In der Postresorptionsphase (Ruhe) bestehen über Aminosäuren folgende Wechselbeziehungen

1 Leber ⟶ Niere
2 Leber ⟶ ZNS
3 Herz ⟶ Leber
4 Muskel ⟶ Leber

34 (E,A): In der folgenden Skizze ist ein Fehler. Bei welchem Buchstaben?

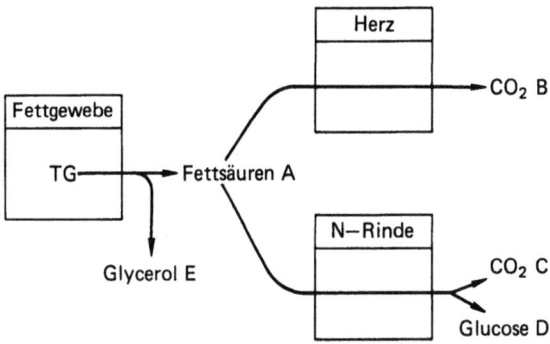

Bildung und Erhaltung von Zell- und Organstrukturen

35 (A): Ordnen Sie die subcellulären Fraktionen nach zunehmender g-Zahl bei Zellfraktionierung durch Sedimentationsgeschwindigkeitszentrifugation.

1 Cytosol   A 1 2 4 3
2 Mitochondrien   B 1 2 3 4
3 Kerne   C 2 3 4 1
4 Mikrosomen   D 3 4 2 1
                  E 3 2 4 1

36 (A): Das in den Chromosomen vorkommende basische Protein heißt

A Histidin   D Heparin
B Histamin   E Homoserin
C Histon

37 (D): Welche Aussagen über DNA (DNS) sind richtig?

1. Die Weitergabe von Teilen der DNS-Information an mRNS bezeichnet man als Translation
2. Schäden an der DNS sind immer für eine Zelle letal
3. DNS ist ausschließlich im Zellkern lokalisiert
4. DNS besteht aus zwei um eine gedachte Achse gewundenen Einzelsträngen

38 (D): Welche Aussagen über DNA (DNS) sind richtig?

1. Die beiden Stränge in der DNS-Doppelhelix sind identisch
2. Adenin paart immer mit Cytosin
3. Das Grundskelet der DNS-Stränge wird durch eine Poly-(3'→5')-Desoxyribose gebildet
4. Die negativen Ladungen der Phosphodiesterbrücken werden durch Histone "neutralisiert"

39 (D): Welche Aussagen über Proteine sind zutreffend?

1. Die Primärstruktur enthält alle Information für die Ausbildung der Quartärstruktur
2. Für die Ausbildung von α-Helices sind H-Brücken zwischen zwei Peptidbindungen die entscheidenden Triebkräfte
3. Die Peptidbindung hat den Charakter einer Doppelbindung
4. Proteine haben einen hohen α-Helix-Gehalt

40 (D): Welche Aussagen sind richtig? Proteine können fungieren als

1. Energiespeicher
2. Signalsubstanzen
3. Enzyme
4. Träger des Erbmaterials

41 (D): Welche Aussagen sind richtig? Vertreter aus der Klasse der Lipide können dienen der

1. Kompartimentierung
2. Wärmeisolierung
3. Signalgebung
4. Energiespeicherung

42-46 (B): Geben Sie für die angegebenen Bausteine das zugehörige Strukturelement an

42 Hydroxyprolin
43 Neuraminsäure
44 dAMP
45 Cholesterol
46 Cholin

A Membran-Lipide
B Membran-Glykoproteine
C Membran-Phospholipide
D Faser-Kollagen
E Chromosomen-DNS

47 (D): Welche Verbindungen enthalten Stickstoff?

1 Glycerol   3 Cholesterol
2 Cerebrosid   4 Neuraminsäure

48 (D): Welche Kräfte führen zur Ausbildung von Protein-Protein Komplexen?

1 Covalente S-S Brücken
2 Ionen-Ionen Wechselwirkungen
3 H-Brücken
4 Hydrophobe apolare Bindungen

49-53 (B): Geben Sie für die angegebenen Coenzyme die zugehörigen Vitamine an.

49 NAD   A Aneurin
50 FAD   B Riboflavin
51 TPP   C Panthothensäure
52 PALP   D Pyridoxal
53 CoA   E Nicotinsäure

54-57 (B): Geben Sie den durchschnittlichen Prozentgehalt vom Trockengewicht einer Zelle für die folgenden Bestandteile an.

54 Protein   A über 80%
55 Kohlenhydrate   B 60% - 80%
56 Lipide   C 40% - 60%
57 Nucleinsäuren   D 15% - 25%
                    E 5% - 15%

58 (D): Welche Coenzyme enthalten Adenin?

1 Coenzym A
2 Pyridoxalphosphat
3 Coenzym B_{12}
4 Thiaminpyrophosphat

59 (D): Welche Coenzyme können im tierischen Organismus nicht de novo sondern nur ausgehend von Vitaminen synthetisiert werden?

    1 ATP   3 Ubichinon
    2 Lipoat   4 FMN

60 (A): Welches Kation ist im Coenzym B_{12} enthalten?

    A Mg^{2+} D Fe^{3+}
    B Co^{3+} E Keins
    C Mn^{2+}

61 (D): Welche Aminosäuren können als typische Bestandteile von Faser-Proteinen bezeichnet werden?

    1 Alanin   3 Isoleucin
    2 Valin   4 Hydroxyprolin

Bildung und Erhaltung des extra- und intracellulären Milieu

62 (D): Geben Sie die typischen intracellulären Kationen an

    1 Mg^{2+} 3 K^{+}
    2 Na^{+} 4 Ca^{2+}

63 (D): Welche Ionenpaare haben bei der Stoffwechselregulation meist antagonistische Funktionen?

    1 K^{+}/Na^{+} 3 Mg^{2+}/Ca^{2+}
    2 K^{+}/Mg^{2+} 4 Na^{+}/Ca^{2+}

Synthese und Abbau von Molekülen mit Spezialfunktionen

64 (D): Welche Hormone werden vom Hypophysen-Vorderlappen gebildet?

    1 ACTH   (Adrenocorticotropes Hormon)
    2 TSH   (Thyreoidea stimulierendes Hormon)
    3 FSH   (Follikel stimulierendes Hormon)
    4 STH   (Somatotropes Hormon)

65 (D): Welche Hormone sind Steroide?

    1 Cortisol
    2 Adrenalin
    3 Oestradiol
    4 Antidiuretin

66-70 (B): Ordnen Sie jedem Hormon die richtige Funktion zu.

66 Cortisol 69 Somatotropin
67 Thyroxin 70 Testosteron
68 Aldosteron

A Steigerung Grundumsatz
B Steigerung Proteinabbau und Gluconeogenese
C Steigerung Natrium-Rückresorption
D Geschlechtsausprägung
E Steigerung Wachstum

71 (D): Welche Hormone sind glandotrop?

1 Somatotropin 3 Thyroxin
2 Vasopressin   4 ACTH

72 (D): Welche Organe haben endokrine und exokrine Funktionen?

1 Leber
2 Niere
3 Pankreas
4 Hypophysenvorderlappen

73 (D): Welche Hormone sind Gewebshormone?

1 Gastrin   3 Thyroxin
2 Histamin 4 Prostaglandin

Biologische Abwehr

74 (A): Das Hauptorgan der biochemischen Abwehr ist

A Darm   D Fettgewebe
B Leber   E Erythrocyten
C Niere

75 (D): Welche Aussagen sind zutreffend?

1 Bei der humoralen Abwehr reagieren freie Antikörper mit den entsprechenden Antigenen
2 Antigene sind Glykoproteine
3 Ein kompetenter Lymphocyten-Klon wird durch entsprechenden Antigen-Kontakt zur Vermehrung stimuliert
4 Die Antigen-Antikörper Komplexe werden durch die Niere eliminiert

Kontraktion und Bewegung

76 (D): Welche Aussagen sind richtig?

1 Die Myosin-Filamente enthalten außer Myosin noch Troponin
2 Ein Myosin-Filament ist immer von 3 Actin-Filamenten umgeben
3 Beim Kontraktionsvorgang werden sowohl Actin- wie auch Myosin-Filamente verkürzt
4 Die Kontraktion wird durch Ca^{2+}-Freisetzung aus dem sarkoplasmatischen Reticulum ausgelöst

Kommunikation durch Neuronen

77 (D): Welche Verbindungen fungieren als Überträger-Substanzen im Nervensystem?

1 Prostaglandin   3 Histamin
2 Noradrenalin   4 Acetylcholin

78 (D): Wie werden Neurotransmitter inaktiviert?

1 Einspeicherung in die Rezeptorzelle
2 Einspeicherung in die Donorzelle
3 Bindung an Transportproteine
4 Enzymatische Veränderung

2 Kinetik und Regulation des Stoffwechsels

Prüfungsfragen
=====================

Hauptaufgaben der Stoffwechselregulation
----

1 (D):   Welche Prozesse werden beim Übergang von der "Mahlzeit"- in die "Hunger"-Phase angeschaltet?

    1 Lactat ⟶ Glykogen
    2 Glykogen ⟶ Glucose
    3 Glucose ⟶ Triglycerid
    4 Triglycerid ⟶ Fettsäuren + Glycerol

2 (C):   Innerhalb eines Stoffwechselweges muß jede Reaktion mit der vorausgehenden und der nachfolgenden koordiniert werden, weil sonst der Energiehaushalt (das ATP-System) aus dem Gleichgewicht geraten würde.

3 (D):   Welche Aussagen sind richtig?

    1 Integration eines Stoffwechselweges bedeutet, daß die Geschwindigkeit der ersten und letzten Reaktion gleich sind
    2 Koordination bedeutet, daß die Summe der ATP-Energie verbrauchenden gleich der Summe der ATP-Energie liefernden Schritte ist
    3 Integration des Organstoffwechsels bedeutet, daß die Geschwindigkeit der Glucose-Abgabe verschiedener Organe gleich der Glucose-Aufnahme anderer Organe sein muß
    4 Anschaltung bedeutet, daß die Geschwindigkeit eines Prozesses innerhalb kurzer Zeit deutlich erhöht wird

Grundlagen der Kinetik

4 (A): Welche der Gleichungen beschreibt eine Reaktion pseudo-erster Ordnung? A, B, S = Substrat; E = Enzym.

A $v = k(E)(S) = k'(S)$
B $v = V_{max}$
C $v = k(A)(S)^2$
D $v = k(A)$
E $v = k(A)/(B)$

5 (D): Die Energiedifferenz zwischen den Substraten und den Produkten bis zum Gleichgewicht ist

1 abhängig von dem Weg der Reaktion
2 abhängig von den Substratkonzentrationen
3 abhängig von der Enzymmenge
4 abhängig von den Produktkonzentrationen

6 (A): Welche Dimension hat die Michaelis-Menten-Konstante K_M?

A Keine
B Konzentration (mol/l)
C Menge (mol)
D Menge pro Zeit (mol/min)
E Zeit (min)

7 (D): Enzyme

1 verschieben das Gleichgewicht zugunsten der Produkte
2 beschleunigen die Gleichgewichtseinstellung
3 erniedrigen die freie Energie der Reaktion
4 erniedrigen die Aktivierungsenergie

8 (A): Bei kompetitiver Hemmung ist V_{max}

A allgemein erhöht
B verdoppelt
C allgemein erniedrigt
D halbiert
E nicht verändert

9 (A): Unter welchen Bedingungen beschreibt die Michaelis-Menten-Gleichung eine Reaktion pseudo-erster Ordnung?

A $(S) = K_M$
B $(S) = (S)_{0,5V}$
C $(S) = 1/K_M$
D $(S) \gg K_M$
E $(S) \ll K_M$

10 (D): Die Geschwindigkeit der Gleichgewichtseinstellung einer Reaktion ist

1 abhängig vom Weg der Reaktion
2 abhängig von den Substratkonzentrationen
3 abhängig von Effectorkonzentrationen
4 abhängig von der Enzymmenge

11 (A): Durch einen kompetitiven Hemmstoff wird die Michaelis-Konstante

A allgemein erhöht
B verdoppelt
C nicht beeinflußt
D halbiert
E allgemein erniedrigt

12 (A): Was ist das Wirkungsprinzip eines Enzyms?

A Verschiebung des Reaktionsgleichgewichts
B Zuführung der Aktivierungsenergie
C Erhöhung der Aktivierungsenergie
D Erniedrigung der Aktivierungsenergie
E Ableitung der Aktivierungsenergie

13 (D): Von welchen Faktoren ist die Geschwindigkeit einer enzymkatalysierten Reaktion nicht-linear abhängig?

1 Substratkonzentration
2 Enzymkonzentration
3 Enzymaffinität
4 Enzymaktivität

14 (A): Die Geschwindigkeit von Enzymreaktionen ... mit steigender Temperatur

A fällt
B steigt
C durchläuft ein Maximum
D durchläuft ein Minimum
E bleibt unverändert

Enzyme als Kontrollelemente

15 (A): Welche Aussage ist richtig? Bei der Bindung eines Substrats an ein Enzym ändert sich die Konformation

A des Substrats
B des Enzyms
C des Substrats und des Enzyms
D weder des Substrats noch des Enzyms
E Keine Aussage ist richtig

16 (C): Einfache Enzyme bilden zusammen mit ihren Substraten und Produkten schon einen kleinen Regelkreis, weil hohe Substratkonzentration als negatives und niedrige Produktkonzentration als positives Signal von der Substratbindungsstelle aufgenommen werden kann.

17 (C): Enzymflexibilität unter externen Einflüssen ist die Grundlage der Stoffwechselregulation, weil nur so Signale in Veränderungen von Geschwindigkeiten umgesetzt werden können.

Signalsubstanzen als Moleküle mit begrenzter Lebenszeit

18 (C): Glucagon hat eine begrenzte Lebenszeit, weil es durch Reduktion inaktiviert wird.

19 (C): Signalsubstanzen liegen immer in sehr niedriger Konzentration vor, weil bei hoher Konzentration ein Dauersignal entstehen würde.

Mechanismen der Stoffwechselregulation

20-23 (B): Geben Sie für jeden Regulationstyp an, welcher Parameter der Michaelis-Menten-Gleichung beeinflußt wird.

    20 Induktion-Repression
    21 Aktivierung-Inaktivierung
    22 Allosterische Regulation K-Typ
    23 Selbstregulation

    A Enzymaktivität
    B Enzymkonzentration
    C Substratkonzentration
    D Enzymaffinität
    E Kein Parameter

24 (D): Welche Regulationstypen scheinen besonders für die Koordination und Integration von Stoffwechselwegen geeignet?

    1 Induktion
    2 Enzymgesteuerte Aktivierung
    3 Kontrollierte Proteosynthese
    4 Isosterische Produkthemmung

25 (D): Die Isocitrat-Dehydrogenase wird durch
1 ADP stimuliert (Erhöhung der Affinität)
2 AMP stimuliert (Erhöhung der Affinität)
3 ATP gehemmt (Erniedrigung der Affinität)
4 Acetyl-CoA aktiviert (Erhöhung der Aktivität)

26-30 (B): Ordnen Sie jedem Regulationstyp das passende Beispiel zu.
26 Selbstregulation
27 Allosterische Regulation K-Typ
28 Allosterische Regulation V-Typ
29 Enzymgesteuerte Aktivierung
30 Kontrollierte Proteosynthese/Proteolyse

A Arginase
B Phosphorylase
C Pyruvat-Carboxylase
D Isocitrat-Dehydrogenase
E Glucokinase

31 (D): Welche der angegebenen Regulationstypen zeigen eine sofortige Wirkung?
1 Allosterische Regulation
2 Kontrollierte Proteosynthese
3 Selbstregulation durch die Substratkonzentration
4 Enzymgesteuerte Aktivierung

32 (C): Ein "hyperboles" Enzym arbeitet in vivo im Bereich nullter Ordnung, weil dort die Empfindlichkeit in bezug auf die Substratkonzentration am größten ist.

33 (C): Ein "sigmoides" Enzym arbeitet im K_M-Bereich, weil es dort empfindlicher ist als ein "hyperboles" Enzym.

34 (D): Welche Enzyme werden durch limitierte Proteolyse aktiviert?
1 Trypsin   3 Pepsin
2 Arginase   4 Pyruvat-Carboxylase

35 (D): Welche Aussage ist richtig?
1. Die Energieladung der Zelle liegt bei 0,8
2. Bei Erhöhung der Energieladung werden Schlüsselreaktionen des Energiestoffwechsels stimuliert
3. Das Konzept der Energieladungskontrolle beruht im Prinzip auf der Kompetition von ATP mit ADP oder AMP an Substrat- oder Effectorbindungsstellen
4. Reaktionen des Leistungsstoffwechsels werden von der Energieladung nicht beeinflußt

36 (E,A): Welcher Regulationstyp liegt vor?

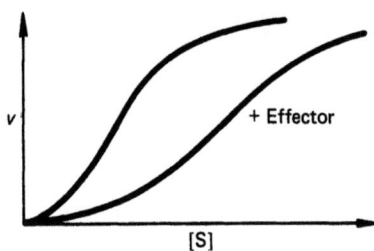

A Allosterische Stimulierung, K-Typ
B Allosterische Stimulierung, V-Typ
C Allosterische Hemmung, K-Typ
D Chemische Modifikation
E Keine der Möglichkeiten ist richtig

37 (C): Beim Übergang von proteinarmer Diät zum Fasten wird der Arginase-Spiegel in der Leber erniedrigt, weil die Proteolyse des Enzyms vermindert ist.

38 (A): Ordnen Sie die angegebenen Enzyme nach steigender Halblebenszeit.
1. Ornithin-Decarboxylase
2. Lactat-Dehydrogenase
3. Glucokinase
4. Phosphoenolpyruvat-Carboxykinase

A 1 2 3 4   D 3 4 2 1
B 1 3 4 2   E 1 4 3 2
C 2 4 3 1

39 (D): Die Halblebenszeit eines Proteins ist abhängig vom

1 Molekulargewicht
2 Synthese-Geschwindigkeit
3 Intracelluläre Lokalisation
4 Abbau-Geschwindigkeit

4o (C): Enzyme mit langer Halblebenszeit können schnell in ihrer Konzentration an eine neue Stoffwechsellage adaptiert werden, weil die Geschwindigkeit der Enzymkonzentrationsänderung allein eine Funktion der Halblebenszeit ist.

3 Gewinnung „biologischer" Energie

Prüfungsfragen

Zellen als Energietransformatoren II

1 (A): Um Leben in irgendeiner Form im Weltraum nachzuweisen, stattete die NASA eine Sonde mit einem Detektor für nur eine Substanz aus. Um welche Substanz handelt es sich?

    A Glucose
    B Anorganisches Phosphat
    C Aminosäure Alanin
    D ATP
    E Insulin

2 (D): Welche Aussagen sind richtig?

    1 Eine exergone Reaktion gibt Wärme ab.
    2 Die Entropie nimmt zu mit steigender Unordnung des Systems
    3 ΔH gibt die maximal mögliche Arbeit einer Reaktion an.
    4 Eine endotherme Reaktion nimmt Wärme auf.

3 (C): Die direkte Hydrolyse von ATP zu ADP und P_a oder zu AMP und PP_a kommt bei Biosynthesen nicht vor, weil damit Wärme statt chemischer Arbeit produziert wird.

4 (D): Welche der angegebenen Verbindungen ist eine "energiereiche" Verbindung?

    1 Glucose-6-phosphat
    2 Glycerinaldehyd-3-phosphat
    3 2-Phosphoglycerat
    4 1,3-Bisphosphoglycerat

5 (A): Welche Eigenschaften hat eine stabile Verbindung?

    A Freie Energie der Reaktion negativer als 7 kcal/mol = 29,4 kJ/mol
    B Freie Energie der Reaktion negativer als 4 kcal/mol = 16,8 kJ/mol
    C Freie Energie der Reaktion positiver als 4 kcal/mol = 16,8 kJ/mol
    D Aktivierungsenergie der Reaktion hoch
    E Aktivierungsenergie der Reaktion niedrig

6 (D): Welche der "energiereichen" Verbindungen werden im Stoffwechsel de novo gebildet?

    1 Creatinphosphat
    2 1,3-Bisphosphoglycerat
    3 Phosphoenolpyruvat
    4 Succinyl-CoA

7-9 (B): Geben Sie für die "energiereichen" Verbindungen die chemischen Substanzklassen an.

    7 Phosphoenolpyruvat
    8 Succinyl-Coenzym A
    9 1,3-Bisphosphoglycerat

    A Säureanhydrid   D Oxoester
    B Enolester   E Halbacetalester
    C Thioester

10-15 (B): Charakterisieren Sie die angegebenen Enzyme durch die aufgeführten Prozesse, wie sie unter physiologischen Bedingungen ablaufen.

    10 3-Phosphoglycerat-Kinase
    11 Hexokinase
    12 Succinatthiokinase
    13 Acetatthiokinase
    14 Phosphofructokinase
    15 Pyruvat-Kinase

    A ATP-Bildung
    B GTP-Bildung
    C ATP-Verbrauch zu ADP und P_a
    D ATP-Verbrauch zu AMP und PP_a
    E Keine der Möglichkeiten

16 (D): Welche Reaktionsgleichungen sind richtig?

    1 Glucose + $ATP^{4-} \longrightarrow$ Glucose-6-phosphat^{2-} + ADP^{3-} + H^+
    2 Pyrophosphat$^{3-} \longrightarrow$ 2 Phosphat^{2-} + H^+

$$3 \text{ AMP}^{2-} + \text{ATP}^{4-} \longrightarrow 2 \text{ ADP}^{3-}$$
$$4 \text{ ATP}^{4-} + H_2O \longrightarrow \text{ADP}^{3-} + \text{Phosphat}^{2-}$$

17 (C): Jede Zelle benötigt eine Adenylat-Kinase, weil im Notfall mit Hilfe dieses Enzyms aus ADP noch ATP bereitgestellt werden kann.

18 (D): Welche Enzymreaktionen liefern Pyrophosphat?

    1 Succinatthiokinase
    2 Acetatthiokinase
    3 Pyrophosphatase
    4 UDP-Glucose-Pyrophosphorylase

Organisation des Energiestoffwechsels

19 (D): Welche Organe können ATP nur durch Substratstufenphosphorylierung gewinnen?

    1 Erythrocyten   3 Nierenmark
    2 ZNS   4 Fettgewebe

20 (D): Der chemotrophe Energiestoffwechsel läßt sich in Substrat-Dehydrierung und Acceptor-Hydrierung untergliedern. Welche Prozesse gehören zur Substrat-Dehydrierung?

    1 Bildung von NADH
    2 Bildung von CO_2
    3 Bildung von ATP in löslichen Systemen
    4 Reduktion von Sauerstoff zu Wasser

21 (A): Welche Verbindung fungiert als Elektronen-Acceptor beim anaeroben Glucose-Abbau (Glykolyse)?

    A Lactat   D Acetat
    B Pyruvat   E Oxalacetat
    C Acetyl-Coenzym A

22 (A): Wieviel mol ATP werden netto beim anaeroben Abbau von einem mol Glucose zu 2 mol Lactat gebildet?

    A 1   D 6
    B 2   E 12
    C 4

23 (A): Wieviel mol ATP werden netto beim oxidativen Abbau von einem mol Lactat zu 3 mol CO_2 gebildet?

A 2 D 18
B 4 E 36
C 12

24 (A): Bei welchem Metaboliten werden Fettsäuren in den Zentralbereich des oxidativen Stoffwechsels eingeschleust?

A Pyruvat D Acetyl-CoA
B Citrat E Succinyl-CoA
C α-Ketoglutarat

25 (E,D): Wo enthält die folgende Skizze Fehler?

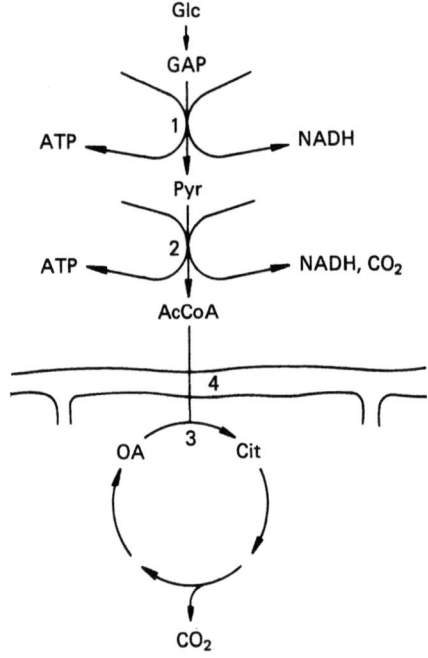

26 (C): Fettsäuren können anaerob zur ATP-Bereitstellung nicht verwendet werden, weil das im Substrat-Dehydrierungs-Abschnitt des Fettsäure-Stoffwechsels anfallende NADH

nur in Mitochondrien reoxidiert werden kann.

27 (A): Der thermodynamische Wirkungsgrad (Standardbedingungen) des aeroben Energiestoffwechsels liegt bei etwa

A 10 %   D 60 %
B 20 %   E 80 %
C 40 %

28 (A): Die Elektronentransportphosphorylierungen sind lokalisiert

A im Cytosol
B am endoplasmatischen Reticulum
C in der äußeren Mitochondrienmembran
D in der inneren Mitochondrienmembran
E in der Mitochondrienmatrix

29 (D): Die Substratstufenphosphorylierungen sind lokalisiert

1 in der Mitochondrienmatrix
2 an der inneren Mitochondrienmembran
3 im Cytosol
4 am endoplasmatischen Reticulum

30-34 (B): Who is who?

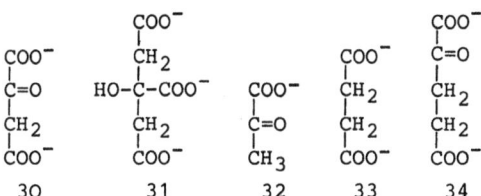

A Succinat   D Pyruvat
B α-Ketoglutarat E Oxalacetat
C Citrat

ATP-Gewinnung in homogenen Systemen
(Substratstufenphosphorylierung)

35 (D): Welche der angegebenen "energiereichen" Verbindungen werden im Säugetier zur ATP-Bildung de novo verwendet?

1 Phosphoenolpyruvat
2 Succinyl-CoA
3 Carbamylphosphat
4 1,3-Bisphosphoglycerat

36 (D): Welche Enzyme sind für eine Neubildung von ATP aus ADP und P_a auf der Substratstufe erforderlich?

    1 Dehydrogenase   3 Kinase
    2 Dehydratase   4 Phosphatase

37 (C): Jodacetat hemmt die Glykolyse, weil es eine katalytisch wichtige SH-Gruppe der Glycerinaldehydphosphat-Dehydrogenase durch Alkylierung blockiert.

38-40 (B): Geben Sie für die aufgeführten covalenten Enzym-Substrat-Zwischenprodukte an, in welchen Enzymreaktionen sie gebildet werden.

    38 Enzym-Cystein-Thiohalbacetal
    39 Enzym-Cystein-Thioester
    40 Enzym-Histidin-Phosphat

    A Glycerinaldehydphosphat-Dehydrogenase
    B Acetat-Thiokinase
    C Succinat-Thiokinase
    D α-Ketoglutarat-Dehydrogenase
    E Phosphoglycerat-Kinase

41 (C): Arsenat hemmt die Glykolyse, weil es die Bildung von 1,3-Bisphosphoglycerat verhindert.

42 (A): Welcher der angegebenen Cofaktoren/Cosubstrate ist an der dehydrierenden Decarboxylierung von α-Ketoglutarat <u>nicht</u> beteiligt?

    A Pyridoxalphosphat
    B Coenzym A
    C Thiaminpyrophosphat
    D NAD
    E Lipoat

<u>ATP-Gewinnung in heterogenen Systemen</u>
(Elektronentransportphosphorylierung)

43 (A): Bei welcher der angegebenen mitochondrialen Atmungsketten sind die Komponenten in der richtigen (von NADH zu O_2) Reihenfolge?

    (CoQ = Ubichinon; NHFe = Nicht-Häm-Eisen; cyt = Cytochrom)

    A FMN - cyt c - CoQ - NHFe - cyt b - cyt a,a_3

    B FMN - NHFe - CoQ - cyt b - cyt c - cyt a,a$_3$
    C NHFe - FMN - cyt c - CoQ - cyt b - cyt a,a$_3$
    D CoQ - FMN - cyt c - cyt b - cyt a,a$_3$ - NHFe
    E FMN - NHFe - CoQ - cyt c - cyt b - cyt a,a$_3$

44 (D): Welche Dehydrogenase-Reaktionen (DH) liefern reduzierte Flavoproteine für die Atmungskette?

    1 Acyl-CoA-DH
    2 β-Hydroxyacyl-CoA-DH
    3 Succinat-DH
    4 Glutamat-DH

45 (D): Welche Dehydrogenase-Reaktionen (DH) liefern NADH für die Atmungskette?

    1 Pyruvat-DH
    2 Isocitrat-DH
    3 α-Ketoglutarat-DH
    4 Glucose-6-phosphat-DH

46-49 (B): Benennen Sie die angegebenen Komplexe der Atmungskette mit den zur Auswahl stehenden Enzymnamen.

    46 Komplex 1   48 Komplex 3
    47 Komplex 2   49 Komplex 4

    A Cytochrom c-Sauerstoff-Oxidoreductase
    B NADH-Coenzym Q-Oxidoreductase
    C Coenzym Q-Cytochrom c-Oxidoreductase
    D Succinat-Coenzym Q-Oxidoreductase
    E NADH-Ferredoxin-Oxidoreductase

50 (D): Welche der aufgeführten Komponenten ist Bestandteil von Komplex I der Atmungskette?

    1 FAD
    2 FMN
    3 Cytochrom
    4 Nicht-Häm-Eisenproteine

51 (E,D): In der Skizze der Atmungskette sind Fehler. (NHFe = Nicht-Häm-Eisenproteine; cyt = Cytochrome)

NADH — |FMN, NHFe| — Cyt c — |Cyt b| — CoQ — |Cyt a,a$_3$| — O$_2$
              1   2   3   4

52 (A): Welcher Komplex der Atmungskette enthält Kupfer?

    A NADH-CoQ-Oxidoreductase
    B Succinat-CoQ-Oxidoreductase
    C $CoQH_2$-Cytochrom-c-Oxidoreductase
    D Cytochrom-Oxidase
    E Keiner

53 (D): Welche Redox-Träger der Atmungskette können sowohl ein als auch zwei Elektronen übertragen?

    1 Cytochrome
    2 Flavoproteine
    3 Nicht-Häm-Eisenproteine
    4 Coenzym Q

54 (A): In welchem Häm-Eisenprotein ist der Porphyrinring covalent an das Protein gebunden?

    A Myoglobin   D Cytochrom b
    B Hämoglobin   E Cytochrom c
    C Cytochrom a

55 (D): In welchen Häm-Eisenproteinen ist die 6. Koordinationsstelle unbesetzt?

    1 Cytochrom a_3 3 Hämoglobin
    2 Myoglobin   4 Cytochrom c

56 (D): Welche NADH für die Atmungskette liefernden Enzyme sind in der Mitochondrienmatrix lokalisiert?

    1 ß-Hydroxybutyrat-Dehydrogenase
    2 ß-Hydroxyacyl-CoA-Dehydrogenase
    3 Pyruvat-Dehydrogenase
    4 Isocitrat-Dehydrogenase

57-60 (B): Ordnen Sie den angegebenen Komplexen der mitochondrialen Atmungskette jeweils einen typischen Hemmstoff zu.

    57 Komplex I   A Barbiturate
    58 Komplex II   B Antimycin
    59 Komplex III   C Oligomycin
    60 Komplex IV   D Cyanid
                            E Ohne

61-64 (B): Welchen P/O-Quotienten erwarten Sie für die angegebenen Substrate?

    61 Malat   63 α-Ketoglutarat
    62 Succinat   64 Ascorbat

                A 4   D 1
                B 3   E 0
                C 2

65-68 (B):   Geben Sie für die angeführten Verbindungen
             jeweils an, wie sie die Elektronentrans-
             port-Phosphorylierung (ETP) in Mitochon-
             drien beeinflussen.

             65 Atraktylosid   68 Oligomycin
             66 Barbiturate   69 Dinitrophenol

             A Hemmung des Elektronentransports
             B Hemmung der Phosphorylierung
             C Hemmung des ATP-Transports ins Cyto-
                plasma
             D Entkopplung zwischen Elektronentrans-
                port und Phosphorylierung
             E Keinen Effekt auf ETP

69 (D):   Welche der aufgeführten Systeme nimmt bei
             Hemmung der Atmungskette mit Antimycin
             einen reduzierteren Redoxzustand ein?

             1 $NADH/NAD^+$ 3 CoQ_{red}/CoQ_{ox}
             2 FMNH/FMN   4 $Cyt\ c_{red}/Cyt\ c_{ox}$

70 (D):   Welche Verbindungen sind Substrate der
             Atmungskette?

             1 ATP
             2 ADP
             3 AMP
             4 Anorganisches Phosphat

71 (D):   Welche Mechanismen liegen einer CO-Ver-
             giftung zugrunde?

             1 Verminderung der O_2-Aufnahme durch
                Hämoglobin in der Lunge
             2 Hemmung der Cytochromoxidase
             3 Verminderung der O_2-Abgabe vom Oxy-Hämo-
                globin in den Geweben
             4 Hemmung der O_2-Verwertung in den Mito-
                chondrien

72 (A):   Welcher Mechanismus liegt der Cyanid-Ver-
             giftung zugrunde? Bildung von

             A Cyan-Hämoglobin
             B Cyan-Methämoglobin
             C Cyan-Cytochromoxidase
             D Cyan-Succinat-Dehydrogenase
             E Cyan-Hämoglobin-Cytochromoxidase-Kom-
                plexen

73 (A): Durch welchen Metaboliten wird die Flußrate der mitochondrialen Atmungskette unter normalen Bedingungen gesteuert?

    A ATP   D O_2
    B ADP   E Keinen der angegebenen
    C AMP

74 (C): Die Hemmung des Elektronentransports durch Oligomycin kann durch Entkoppler aufgehoben werden, weil sie (die Hemmung) durch den Mangel an X und I = Anstau des "energiereichen" Primärprodukts X∿I bedingt ist.

75 (D): Welche Aussagen sind richtig?
1. Die chemische Hypothese der ETP fordert ein kontraktiles Protein als "energiereiches" Zwischenprodukt
2. Die Konformationshypothese der ETP setzt intakte Membranvesikel voraus
3. Weder die chemiosmotische noch die chemische Hypothese schreiben den mitochondrialen Membranen eine intrinsische Funktion zu
4. Die chemiosmotische Hypothese fordert einen pH-Gradienten (innen alkalischer) und ein elektrisches Potential (innen negativ) an der inneren Mitochondrienmembran

76 (D): Welche Annahmen macht die chemiosmotische Hypothese?
1. Die innere Mitochondrienmembran ist impermeabel für Protonen
2. Wasserstoffträger translozieren (H) = e^- + H^+ von außen nach innen
3. Elektronenträger translozieren Elektronen von außen nach innen
4. Die ATP-Synthase-Reaktion wird durch vektorielle Protonen-Addition von innen getrieben

77 (C): Valinomycin zerstört beide Komponenten der protonenmotorischen Kraft, weil es in protonierter und deprotonierter Form die Membran passieren kann.

78 (D): Welche Komponenten wirken nach der chemiosmotischen Hypothese als Wasserstoffträger?
1. Flavoproteine
2. Cytochrome
3. Coenzym Q
4. Schwefel-Eisenproteine

79 (C): An Kalium-haltigen (normalen) Mitochondrien läßt sich im Kalium-armen Milieu mit Valinomycin ein elektrisches Potential artifiziell erzeugen, weil Valinomycin die Membran permeabel für Kalium macht.

80 (D): Welche Befunde sind richtig wiedergegeben und stützen die chemiosmotische Hypothese?

1 ETP ist experimentell nur in topologisch intakten Membranvesikeln nachweisbar
2 Coenzym Q ist auf der Innenseite der inneren Mitochondriemembran lokalisiert
3 Nach pulsartiger Gabe von HCl und Valinomycin produzieren Mitochondrien im Kalium-armen Milieu ATP
4 Die mitochondriale ATP-Synthase-(ATPase)-Reaktion verläuft über ein covalentes Enzym-Phosphat-Zwischenprodukt

4 Verdauung und Substrataufnahme

Prüfungsfragen

Nahrungswert, Nahrungsbedarf

1 (D): Welche Aminosäuren sind für den erwachsenen Menschen essentiell?

    1 Glutamat   3 Glycin
    2 Threonin   4 Methionin

2 (A): Wie hoch ist der Brennwert von Lipiden?

    A 4,1 kcal/g = 17,2 kJ/g
    B 5,6 kcal/g = 23,5 kJ/g
    C 7,1 kcal/g = 29,8 kJ/g
    D 9,3 kcal/g = 39,1 kJ/g
    E 10,5 kcal/g = 44,1 kJ/g

3 (D): Welche Nahrungsmittel sind proteinreich?
(Proteingehalt >50 % vom Trockengewicht)

    1 Kartoffeln   3 Kuhmilch
    2 Eier   4 Fisch

4 (A): Wie hoch schätzen Sie den täglichen Energiebedarf eines 70 kg schweren Mannes von 30 Jahren, der als Büroangestellter tätig ist und das Fernsehen liebt?

    A 1500 kcal = 6300 kJ
    B 1800 kcal = 7600 kJ
    C 2500 kcal = 10500 kJ
    D 3100 kcal = 13000 kJ
    E 4200 kcal = 17600 kJ

5 (A): Geben Sie den täglichen Bedarf eines erwachsenen Mannes an Protein an.

    A 10 g   D 100 g
    B 25 g   E 150 g
    C 75 g

6-10 (B): Geben Sie für je 100 g der Nahrungsmittel den angenäherten Nahrungsstoffgehalt an.

6 Ei
7 Vollmilch
8 Fisch
9 Brot
10 Kartoffeln

A 20 g Proteine
B 10 g Proteine
C 25 g Kohlenhydrate
D 4 g Fette
E 50 g Kohlenhydrate

11 (D): Welche Aminosäuren sind für den erwachsenen Menschen essentiell?

1 Leucin
2 Valin
3 Threonin
4 Tyrosin

12 (A): Welches Nahrungsmittel stellt funktionell ein Kohlenhydrat-Lipid-Gemisch dar?

A Butter
B Erbsen
C Bier
D Coca-Cola
E Eier

Verdauungssekrete

13-17 (B): Geben Sie für jedes Enzym den Bildungsort an.

13 Pepsin
14 Aminopeptidase
15 Trypsin
16 Carboxypeptidase
17 Lipase

A Ohrspeicheldrüse
B Magenschleimhaut
C Pankreas
D Dünndarm
E Leber

18 (C): Pepsin baut Eiweiß praktisch nur bis zu den Peptonen ab, weil es im Darm durch Gallensäuren inaktiviert wird.

19 (D): Welche Verdauungsenzyme werden als inaktive Proenzyme gebildet und erst durch limitierte Proteolyse im Magen-Darm-Trakt aktiviert?

1 Trypsin
2 Pepsin
3 Carboxypeptidase
4 Amylase

20 (D): Welche Enzyme stammen aus dem Pankreas?

1 Pepsin
2 Carboxypeptidase
3 Aminopeptidase
4 Phospholipase

21 (D): Welche Enzyme entstehen aus intracellulär vorgebildeten Proenzymen?

1 Chymotrypsin
2 Carboxypeptidase
3 Pepsin
4 Amylase

22 (C): Amylase entsteht im Darm durch limitierte Proteolyse aus Pro-Amylase, weil aktive proteolytische Enzyme zum Schutz vor Selbstverdauung des enzymogenen Organs erst im Lumen des Magen-Darm-Trakts gebildet werden dürfen.

23 (D): Welche gastrointestinalen(gi) Hormone fördern die Freisetzung von (Pro)Enzymen aus dem Pankreas?

1 Secretin   3 gi-Glucagon
2 Pankreozymin   4 Gastrin

24 (A): Wieviel Protein produziert das exokrine Pankreas täglich?

A 2 g   D 70 g
B 10 g   E 150 g
C 20 g

25 (D): Welche Verdauungsenzyme stammen aus dem Dünndarm?

1 α-Amylase   3 Carboxypeptidase
2 Pepsin   4 Aminopeptidase

26 (A): Die Galle ist essentiell für die Verdauung und Resorption von

A Kohlenhydraten   D Nucleinsäuren
B Proteinen   E Elektrolyten
C Lipiden

27 (C): Bei verminderter Gallensäureabgabe der Leber in die Galle können Cholesterol-Steine entstehen, weil Cholesterol durch Gallensäuren in Lösung gehalten wird.

28 (D): Welche Verbindungen unterliegen einem enterohepatischen Kreislauf?

    1 Gallensäuren   3 Cholesterol
    2 Monoglyceride   4 Lecithin

Verdauung der Nahrungsstoffe

29 (D): Wählen Sie die Endprodukte der Glykogen-Verdauung aus

    1 Glucose   3 Maltose
    2 Mannose   4 Saccharose

30 (D): Welche Produkte entstehen beim Abbau von Stärke durch α-Amylase?

    1 Mannose   3 Isomannose
    2 Maltose   4 Glucose

31 (A): Wählen Sie die zur Verdauung von Eiweiß gehörenden Begriffe aus und bringen Sie sie in die richtige Reihenfolge

    1 Galle   4 Carboxypeptidase
    2 Chymotrypsin   5 Pankreas-Lipase
    3 α-Amylase   6 Pepsin

    A 2 1 4   D 6 4 2
    B 6 2 3   E 6 2 4
    C 1 6 2

32 (D): Welche Aminosäuren tragen katalytisch wichtige nucleophile Seitengruppen?

    1 Serin   3 Histidin
    2 Phenylalanin   4 Isoleucin

33 (D): Verdauung und Resorption von Proteinen sind angewiesen auf

    1 intakten Bürstensaum
    2 intaktes Lymphsystem
    3 exokrine Pankreasfunktion
    4 exokrine Leberfunktion

34 (A): Wählen Sie die zur Verdauung von Triglyceriden gehörenden Begriffe aus und bringen Sie sie in die richtige Reihenfolge.

    1 Phospholipase
    2 Pankreaslipase
    3 Micellen
    4 Emulgierte Fetttröpfchen
    5 Chymotrypsin
    6 Galle

```
A  4 1 6 3          D  4 2 6 3
B  6 4 2 3          E  6 2 1 3
C  4 2 1 3
```

35 (D): Welche Verbindungen sind nicht Bestandteile der gemischten Micellen der Fettverdauung?

    1 Gallensäuren   3 Monoglyceride
    2 Fettsäuren   4 Triglyceride

Resorption der Nahrungsstoffe

36 (D): Welche Enzyme sind in der Enterocyten-Membran lokalisiert?

    1 Saccharase   3 Maltase
    2 Lactase   4 Cellulase

37 (D): Welche Verbindungen werden nur in Gegenwart von Natrium resorbiert?

    1 Glucose   3 Alanin
    2 Maltose   4 Monoglyceride

38 (D): Welche Verbindungen können Natrium-unabhängig resorbiert werden?

    1 Maltose   3 Palmitinsäure
    2 Glucose   4 Alanin

39 (D): Welche Enzyme sind essentiell für die Glucose-Resorption?

    1 Saccharase   3 Lactase
    2 Amylase   4 ATPase

40 (A): Bringen Sie die an der Proteinverdauung beteiligten Enzyme in die funktionell richtige Reihenfolge.

    1 Trypsin
    2 Natrium-abhängiger Translocator
    3 Dipeptidase
    4 Pepsin
    5 Carboxypeptidase

```
A  1 4 5 3 2        D  4 1 5 3 2
B  1 4 3 5 2        E  4 5 1 3 2
C  4 5 1 2 3
```

41 (A): In welcher Form erscheinen die mit der Nahrung aufgenommenen Fette im Blut?

    A Triglyceridemulsion
    B Gemischte Micellen
    C Monoglyceride + freie Fettsäuren
    D Chylomikronen
    E Prä-ß-Lipoproteine

42 (D): Welche Vitamine können von Darmbakterien produziert und aus dem Dickdarm resorbiert werden?

    1 Vitamin D   3 Vitamin B_{12}
    2 Vitamin K   4 Biotin

43 (A): Welches Vitamin wird abhängig von einem Glykoprotein des Magensafts (intrinsic factor) resorbiert?

    A B_1 (Aneurin)   D C (Ascorbat)
    B B_6 (Pyridoxol)   E D (Cholecalciferol)
    C B_{12} (Cobalamin)

44 (D): Welche Ionen werden wahrscheinlich durch Na^+-Symport vom Darmlumen in die Mucosazelle aufgenommen?

    1 Chlorid   3 Phosphat
    2 Bicarbonat   4 Kalium

45 (D): Welche Aussagen sind richtig? Die Resorption von

    1 Eisen wird von Vitamin C gefördert
    2 Eisen benötigt eine Ferrioxidase in der Mucosazelle
    3 Calcium ist abhängig von Vitamin D
    4 Calcium wird durch Citrat gehemmt

46 (D): Welche Aussagen sind richtig?

    1 Das zu resorbierende Natrium stammt überwiegend aus der Nahrung
    2 Das zu resorbierende Wasser stammt überwiegend aus den Verdauungssäften
    3 Die distalen Teile des Darms sind frei permeabel für Wasser
    4 Wasser folgt dem osmotischen Gradienten über die ganze Länge des Dünndarms nach

47 (A): Welches Spurenelement spielt eine Rolle bei der Resorption von Bicarbonat?

    A Kupfer   D Zink
    B Eisen   E Fluor
    C Mangan

48 (A): Welche Verbindung beeinflußt die O_2-Aufnahme?

    A 3-Phosphoglycerat
    B 2,3-Bisphosphoglycerat
    C 1,3-Bisphosphoglycerat
    D 2-Phosphoglycerat
    E 1-Phosphoglycerat

49 (C): CO hemmt den O_2-Transport am Hämoglobin viel effektiver als die O_2-Verwertung an der Cytochromoxidase, weil CO viel stärker an Fe^{3+}- als an Fe^{2+}-Komplexe bindet.

50 (C): Die Sauerstoffbindungskurven für Myoglobin und Hämoglobin sind identisch, weil beide Eisen-Porphyrin enthalten.

51 (C): Gealterte Erythrocyten sind zum Sauerstofftransport nicht fähig, weil die 2,3-Bisphosphoglycerat-Konzentration unter 1 mmol/l abgefallen ist.

52 (D): Welche Faktoren erleichtern die Sauerstoff-Abgabe vom Hämoglobin an die Gewebe?

    1 Acidose
    2 Fallende Temperatur
    3 2,3-Bisphosphoglycerat
    4 O_2

53 (A): Wie groß ist die Sauerstoff-Transport-Kapazität des Bluts (männlich, 70 kg, 5 l Blut, 1 g Hämoglobin bindet maximal 1,34 ml Sauerstoff)?

    A ~6,5 ml   D ~1000 ml
    B ~100 ml   E ~2000 ml
    C ~200 ml

54 (C): Im Erythrocyten entsteht in nicht-enzymatischer Oxidation immer Methämoglobin, weil das Oxidationsmittel H_2O_2 durch Katalase und Glutathion-Peroxidase nicht effektiv genug entfernt werden kann.

55 (D): Welche Reduktionsmittel sind an der Entfernung von H_2O_2 beteiligt?

    1 NADH   3 $FADH_2$
    2 NADPH   4 GSH(red. Glutathion)

Maldigestion-Malabsorption

56 (C): Durchfälle entstehen bei einer Maldigestion, weil die unverdauten Polymeren der Nahrung die Osmolarität im Dickdarm drastisch erhöhen und damit Wasser retenieren.

57 (D): Welche Anomalien führen zu einer Malassimilation von Fett?

    1 Mangel an Pankreassaft
    2 Anacider Magensaft
    3 Entzündliche Dünndarmerkrankung
    4 Mangel an Intrinsic-Faktor

58 (C): Defekte der Dünndarmmucosa bei den Na^+-abhängigen Translocatoren für Aminosäuren können oft durch Urinanalysen diagnostiziert werden, weil der Defekt häufig auch in der Niere besteht.

59 (D): Bei gestörter Fettassimilation ist die Blutungsneigung erhöht, weil gleichzeitig die Vitamine A und D vermindert resorbiert werden.

Akute Pankreatitis

60 (D): Der Nachweis welcher Enzyme im Serum dient der Diagnose einer akuten Pankreatitis?

    1 Trypsin   3 Maltase
    2 α-Amylase   4 Lipase

61 (D): Welche Aussagen sind richtig? Bei einer akuten Pankreatitis

    1 kann sekundär ein Diabetes mellitus auftreten
    2 kann es zu einem Calcium-Defizit kommen
    3 treten Pankreas-Verdauungsenzyme in die Blutbahn über
    4 werden im Serum den Blutdruck steigernde Polypeptidhormone (Kinine) durch Proteolyse aus der Globulinfraktion gebildet

62 (D): Welche therapeutischen Maßnahmen bei einer akuten Pankreatitis haben das Ziel, die Pankreassekretion zu vermindern?

    1 Volumenersatz durch Infusion
    2 Magensaftabsaugung
    3 Gabe von Proteinase-Inhibitoren
    4 Gabe von Atropin

Hämoglobinopathien

63-66 (B): Der Austausch von nur einer Aminosäure im Hämoglobin kann zu sehr unterschiedlichen Hämoglobinopathien führen. Ordnen Sie den Krankheitsbildern eine mögliche Ursache zu.

63 Hämolytische Anämie
64 Polycythämie
65 Methämglobinämie
66 Sichelzellanämie

A Ladungsstabilität des Fe^{2+} im Hämoglobin vermindert
B Aggregation von Hämoglobin-Molekülen
C Löslichkeit des Hämoglobin vermindert
D Dissoziation von O_2 aus Oxy-Hämoglobin vermindert
E O_2-Bindung an Hämoglobin vermindert

67 (D): Welche Maßnahmen eignen sich zur Unterbindung der Hämoglobin-S-Aggregation?

1 O_2-Beatmung
2 Dextran-Infusion (Senkung der Blutviscosität)
3 Bicarbonat-Infusion (Anti-Acidose)
4 Gabe von Natrium-Cyanat

5 Bildung von Energiespeichern und Energiegewinnung in der Resorptionsphase

Prüfungsfragen

Organspezifischer Substratfluß nach einer Mahlzeit

1 (D): Welche der angeführten Effekte kennzeichnen die frühe Resorptionsphase des ruhenden Organismus?
   1 Anstieg der Glucosekonzentration im Blut
   2 Anstieg der Fettsäurekonzentration im Blut
   3 Glykogensynthese in Leber und Muskel
   4 Glucagon-Ausschüttung

2 (A): Wieviel Aminosäuren aus der Nahrung und aus dem Proteinabbau durchlaufen beim Menschen (70 kg) bei normaler Proteinernährung (100 g/d) täglich den gemeinsamen Pool?
   A 75 g   D 625 g
   B 125 g   E 950 g
   C 150 g

3 (A): Für welches Organ können Aminosäuren neben Glucose ein wichtiges Energiesubstrat in der Resorptionsphase sein?
   A Muskel   D ZNS
   B Leber   E Erythrocyten
   C Herz

4 (D): Welche Organe sind an der Einspeicherung von Nahrungsfett beteiligt?
   1 Fettgewebe   3 Darm
   2 Leber   4 Muskel

Stoffwechselsteuerung durch Insulin

5 (D): Welche biochemischen Reaktionen löst Insulin an der Leber aus?

1. Aktivierung der Glykogen-Synthetase
2. Inaktivierung der hormonsensitiven Lipase
3. "Induktion" von Glucokinase und Phosphofructokinase
4. Steigerung der Glucosepermeabilität

6 (D): Welche Substanzen fördern die Insulin-Sekretion aus den ß-Zellen der Langerhansschen Inseln?

1. Sulfonylharnstoffe
2. Mannoheptulose
3. Pankreozymin
4. Diazoxid

7 (D): Welche biochemischen Reaktionen löst Insulin am Fettgewebe aus?

1. Aktivierung der Lipoproteinlipase
2. Hemmung der hormonsensitiven Triglycerid-Lipase
3. Steigerung der Glucosepermeabilität
4. "Induktion" der Glucokinase

8 (D): Welche Substanzen fördern die Insulin Sekretion aus den ß-Zellen der Langerhansschen Inseln?

1. Glucose
2. Leucin
3. gastrointestinales Glucagon
4. Catecholamine

9 (D): Welche Organe nehmen Glucose insulinabhängig auf?

1. Muskel
2. Leber
3. Fettgewebe
4. Niere

10 (D): Welche Substanzen hemmen die Freisetzung von Insulin aus den ß-Zellen der Langerhansschen Inseln?

1. gastrointestinales Glucagon
2. Catecholamin
3. Pankreozymin
4. Mannoheptulose

11 (D): Welche Enzyme werden durch Insulin direkt oder indirekt in ihrer Aktivität gesteigert?

     1 Pyruvat-Kinase
     2 Pyruvat-Dehydrogenase
     3 Phosphofructokinase
     4 Glykogen-Phosphorylase

12 (D): Welche Enzyme sind durch Insulin (Kohlenhydratmast) "induzierbar"?

     1 Glucokinase
     2 Hexokinase
     3 ATP-abhängige Citrat-Lyase
     4 Isocitrat-Dehydrogenase

13 (C)   Glucose-Belastungstests sollen enteral durchgeführt werden, weil auch gastrointestinale Hormone neben Blut-Glucose für die Insulin-Sekretion wichtig sind.

Energiespeicherung durch Polymerisation momomerer Substrate

Glykogen-Synthese

14 (D): Welche Prozesse laufen in der Leber gleichzeitig zur Glykogensynthese ab?

     1 Glykogenolyse   3 Ketogenese
     2 ß-Oxidation   4 Liponeogenese

15 (D): Welche der angegebenen interkonvertierbaren Enzyme sind in der nicht-phosphorylierten Form aktiv?

     1 Glykogen-Phosphorylase
     2 Glykogen-Synthase
     3 Hormonsensitive Triglycerid-Lipase
     4 Pyruvatdehydrogenase

16 (D): Welche Enzyme werden durch enzymgesteuerte chemische Modifikation reguliert?

     1 Glucose-6-phosphat-Dehydrogenase
     2 Glucokinase
     3 UDP-Glucose-Pyrophosphorylase
     4 Glykogen-Phosphorylase

17 (D): Die Aktivitäten der Pyruvatdehydrogenase und der Glykogen-Synthase verhalten sich in der Leber proportional,

1. weil C_3-Körper eingespart werden müssen, wenn Glykogen gebildet wird
2. weil Insulin indirekt die Aktivität beider Enzyme fördert
3. weil beide Enzyme in der phosphorylierten Form aktiv sind
4. weil die Polymerisierung von Glucose und der Abbau von Pyruvat Schlüsselreaktionen bei der Bildung von Energiespeichern sind

18 (A): Bringen Sie die an der Glykogensynthese aus Glucose beteiligten Enzyme in die funktionell richtige Reihenfolge.

A 1 3 2 5 4   D 3 1 4 2 5
B 1 3 2 4 5   E 3 1 2 4 5
C 3 1 4 2 5

1. Glucosephosphat-Mutase
2. UDP-Glucose-Pyrophosphorylase
3. Glucokinase
4. 1,4→1,6-Transglucosidase
5. Glykogen-Synthase

19 (D): Welche der Reaktionsgleichungen beschreiben einen an der Glykogensynthese aus Glucose beteiligten Prozeß (G1P, G6P = Glucose-1- bzw. -6-phosphat)?

1. Glucose + ATP ⟶ G1P + ADP
2. Glucose + ATP ⟶ G6P + ADP
3. Glucose + UTP ⟶ UDP-Glucose + P_a
4. G1P + UTP ⟶ UDP-Glucose + PP_a

20 (C): Die Aktivitäten des Pyruvat-Dehydrogenase-Komplexes und der Glykogensynthase verhalten sich in der Leber proportional, weil beide Enzyme Schlüsselfunktionen bei der Bildung von Energiespeichern haben.

21 (A): Wieviel Energie entspricht der durchschnittliche Glykogenspeicher in Leber und Muskel ungefähr?

A   200 kcal =   840 kJ
B   800 kcal =   3360 kJ
C 1800 kcal =   7560 kJ
D 8000 kcal =   33600 kJ
E 90000 kcal = 378000 kJ

Triglycerid-Synthese

22 (A): Was ist das wichtigste Substrat der Liponeogenese im Cytoplasma?

    A Acetat   D Succinat
    B Citrat   E Pyruvat
    C Malonat

23 (A): Welche Verbindung ist <u>nicht</u> ein Produkt der tierischen Citrat-Lyase-Reaktion?

    A Acetyl-Coenzym A
    B ADP
    C Phosphat
    D Malat
    E Oxalacetat

24 (A): Durch welchen Prozeß ist die Kohlenhydrat-induzierte Hyperlipämie bedingt? Durch Freisetzung von

    A Triglyceriden aus dem Fettgewebe
    B Triglyceriden (Chylomikronen) aus dem Darm
    C Triglyceriden (Prä-ß-Lipoproteinen) aus der Leber
    D Triglyceriden aus dem ZNS
    E Fettsäuren aus dem Fettgewebe

25 (A): In welcher Reihenfolge wirken die am Acetyl-CoA-Transport aus Mitochondrien ins Cytoplasma (Fettgewebe; BALL-Cyclus) beteiligten Enzyme?

    1 Malat-Dehydrogenase (cytopl.)
    2 Citrat-Synthase (mitoch.)
    3 Malat-Enzym (cytopl.)
    4 ATP-abhängige Citrat-Lyase (cytopl.)
    5 Pyruvat-Carboxylase (mitoch.)

    A 1 2 3 4 5   D 2 4 3 1 5
    B 2 4 5 3 1   E 4 2 1 3 5
    C 2 4 1 3 5

26 (C): Bei Beeinträchtigung der Leberproteinsynthese kommt es zu einer Leberverfettung, weil zum Fettexport spezifische Proteine benötigt werden.

27 (D): Welche Aussagen über die Fettsäuresynthese aus Acetyl-CoA sind richtig? (MEK = Multienzymkomplex)

1. Die Synthese beginnt mit der Acetylierung der peripheren SH-Gruppe des MEK durch Acetyl-CoA
2. Die Carboxylierung von Acetyl-CoA zu Malonyl-CoA benötigt Biotin und erfolgt nach folgender Gleichung:
   Acetyl-CoA + CO_2 + ATP $\longrightarrow$ Malonyl-CoA + AMP + PP_a
3. Für die Bildung einer C_{16}-Fettsäure werden 7 Acetyl-CoA und 1 Malonyl-CoA benötigt.
4. Die Reduktion von Acetoacetyl-MEK zu Butyryl-MEK erfordert 2 NADPH.

28 (C): Citrat inhibiert die Acetyl-CoA-Carboxylase, weil es die vermehrte Oxidation und damit die geringere Verfügbarkeit von Acetyl-CoA für die Liponeogenese signalisiert.

29 (C): Im Fettgewebe ist die Insulin-abhängige Aufnahme von Glucose für die Regulation der Einspeicherung von Fett wichtig, weil sie die Hauptmenge des für die Einspeicherung benötigten Glycerolphosphats bereitstellt.

30 (D): Welche Reaktionen sind an der Triglyceridsynthese im Fettgewebe beteiligt?

1. Glycerol + 2 Acyl-CoA $\rightarrow$ Diglycerid + 2 CoA
2. Glycerolphosphat + 2 Acyl-CoA $\rightarrow$ Diglyceridphosphat + 2 CoA
3. Diglycerid + ATP $\rightarrow$ Diglyceridphosphat + ADP
4. Diglyceridphosphat + H_2O $\rightarrow$ Diglycerid + Phosphat

31 (D): Welche Aussagen sind richtig?

1. Die Lipoproteinlipase der Endothelzellen des Fettgewebes spaltet die Triglyceride der Chylomikronen zu Glycerol und 3 Fettsäuren
2. Die Lipoproteinlipase spaltet die Triglyceride der Prä-ß-Lipoproteine zu Monoglycerid und 2 Fettsäuren
3. Die Fettsäuren werden nach Aufnahme in die Adipocyten vor der Triglycerid-Resynthese zu Fettsäuren-CoA aktiviert unter Spaltung von ATP zu AMP und PP_a

4 Das Glycerol wird überwiegend in die Adipocyten aufgenommen und von der Triglycerid-Resynthese zu Glycerol-3-phosphat aktiviert unter Spaltung von ATP zu ADP

32 (A): Was ist die biologische Funktion des Pentosephosphatweges in Leber und Fettgewebe?

  A Steuerung der Flußgeschwindigkeit in der Glykolyse
  B Steuerung des Glucosespiegels im Blut
  C Synthese von C5-Isoprenbausteinen
  D Bereitstellung von NADPH
  E Ausweichstrecke für den Glucoseabbau bei Störung der Glykolyse

33 (A): Welches Pentosephosphat wird als erstes im (oxidativen) Pentosephosphatweg gebildet?

  A Ribose-5-phosphat
  B Ribulose-5-phosphat
  C Ribulose-1-phosphat
  D Xylulose-5-phosphat
  E Xylose-5-phosphat

34 (D): Welches Organ enthält keine oder nur sehr geringe Aktivität an Glucose-6-phosphat-Dehydrogenase?

  1 Leber
  2 Erythrocyten
  3 Fettgewebe
  4 Muskel

Energiegewinnung durch Abbau monomerer Substrate

Kohlenhydrat-Abbau bis Acetyl-CoA

35 (D): Welche der Aussagen über den Abbau von Glucose über den Embden-Meyerhof-Weg sind richtig?

  1 Im Erythrocyten wird 1 mol Glucose zu 2 mol Milchsäure abgebaut
  2 Die de novo-Bildung von ATP erfolgt in der Pyruvat-Kinase-Reaktion
  3 Die meisten Zwischenprodukte sind Phosphorsäureester, die die Zelle nicht verlassen können
  4 Das in der Glucose-6-Phosphat-Dehydrogenase-Reaktion gebildete NADH wird in der Lactat-Dehydrogenase-Reaktion zu NAD^+ regeneriert

36 (D): Welche der aufgeführten Cofaktoren sind an der oxidativen Decarboxylierung von α-Ketosäuren beteiligt?

    1 Coenzym A   3 Thiaminpyrophosphat
    2 Lipoat   4 Pyridoxalphosphat

37 (D): Welche Enzyme sind für den Abbau von Glucose zu Pyruvat charakteristisch, d.h. an keinem antagonistischen Stoffwechselweg beteiligt?

    1 Phosphofructokinase
    2 Glycerinaldehydphosphat-Dehydrogenase
    3 Pyruvat-Kinase
    4 Phosphoglycerat-Kinase

38 (D): Welche Verbindungen sind Zwischenprodukte des Glucose-Abbaus zu Lactat?

    1 Glucose-1-phosphat
    2 Glucose-6-phosphat
    3 Dihydroxyaceton
    4 2-Phosphoglycerat

39 (A): Glucose sei in Position C_1 mit radioaktivem Kohlenstoff markiert. Welche Position ist im Lactat markiert, wenn es über den Embden-Meyerhof-Weg aus Glucose gebildet wird?

    A Carboxylgruppe
    B Methylgruppe
    C Methyl- und Carboxylgruppe
    D Hydroxymethylgruppe
    E Keine Position

40 (D): Welche der Verbindungen gehören <u>nicht</u> zu den Zwischenprodukten beim Abbau von Glucose zu Acetyl-CoA?

    1 Glycerolphosphat
    2 Glycerinaldehydphosphat
    3 Fructose-1-phosphat
    4 Fructose-6-phosphat

41-44 (B): Who is who?

    41 CH_3COCOO^- A Malonat
    42 $CH_3CH_2COO^-$ B Lactat
    43 $CH_3CHOHCOO^-$ C Propionat
    44 $HOCH_2CHOHCOO^-$ D Glycerat
                                      E Pyruvat

45 (E,D): In der folgenden Skizze sind Fehler. Bei welchen Ziffern?

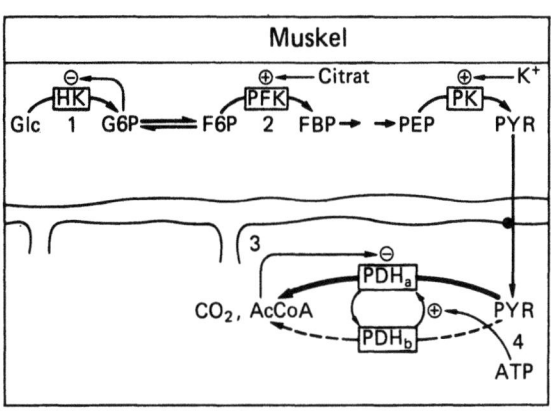

46 (D): Welche Reaktionsgleichungen sind richtig?

1 Glucose + ATP $\xrightarrow{Mg^{2+}}$ Glucose-6-phosphat + AMP

2 Phosphoenolpyruvat + ADP $\xrightarrow{Mg^{2+}}$ Pyruvat + ATP

3 Pyruvat + CoA + NAD$^+$ $\xrightarrow[\text{Lip, TPP}]{\text{FAD}}$ Acetyl-CoA + NADH + H$^+$

4 Glucose-1-phosphat + UTP $\xrightarrow{Mg^{2+}}$ UDP-Glucose + PP$_a$

47 (A): 2,3-Bisphosphoglycerat ist ein wichtiger Effector für die Steuerung der O$_2$-Affinität des Hämoglobin. Geben Sie an, aus welchem Metaboliten es gebildet wird.

A Glycerinaldehyd
B Glycerolphosphat
C 1,3-Bisphosphoglycerat
D Glycerinaldehydphosphat
E 2-Phosphoglycerat

48 (A): Bringen Sie die Zwischenprodukte der Glykolyse in die richtige Reihenfolge.

1 Glucose-6-phosphat
2 3-Phosphoglycerat
3 2-Phosphoglycerat
4 Fructose-1,6-bisphosphat
5 Glycerinaldehydphosphat
6 Phosphoenolpyruvat

A 1 4 6 3 2 5   D 1 6 3 2 5 4
B 1 4 5 2 3 6   E 1 4 5 3 2 6
C 1 5 3 2 6 4

49 (D): Welche Effektoren stimulieren die Phosphofructokinase?

1 ATP   3 Citrat
2 AMP   4 Fructosebisphosphat

50 (A): Wählen Sie die für die Hemmung der Glucose-Verwertung durch Fettsäuren wichtigen Effekte aus und bringen Sie sie in die richtige Reihenfolge (Muskel).

1 Hemmung der Hexokinase durch Glucose-6-phosphat
2 Hemmung der Phosphofructokinase durch Citrat
3 Hemmung des ATP/ADP-Transportsystems durch Fettsäuren-CoA
4 Hemmung der Pyruvatkinase durch ATP
5 Hemmung der Isocitrat-Dehydrogenase durch ATP
6 Hemmung der Phosphofructokinase durch ATP

A 5 4 2 1   D 3 4 2 1
B 3 6 2 1   E 3 5 4 2
C 3 5 2 1

51 (A): Reifen menschlichen Erythrocyten fehlen die Enzyme

A der Glykolyse
B des Pentosephosphatweges
C des Citratcyclus
D der Glutathionreduktion
E der Substratstufenphosphorylierung

52 (D): Welche Dehydrogenasen sind für die Methämoglobin-Reduktion wichtig?

1 Glucose-6-phosphat-Dehydrogenase
2 Lactat-Dehydrogenase

          3 Pyruvat-Dehydrogenase
          4 Glycerinaldehydphosphat-Dehydrogenase

53 (D):   Welche Enzyme sind typisch für die Leber
          und werden praktisch in anderen Organen
          nicht gefunden?

          1 Hexokinase
          2 Fructosebisphosphat-Aldolase
          3 Fructose-6-phosphat-Kinase
          4 Fructose-1-phosphat-Aldolase

54 (A):   Die Kombination der Enzyme Galaktokinase,
          Galaktose-1-phosphat-Uridylyltransferase
          und UDP-Galaktose-4-Epimerase wandelt
          Galaktose um in

          A UDP-Glucose
          B UDP-Galaktose
          C Galaktose-1-phosphat
          D Glucose-1-phosphat
          E Glucose-6-phosphat

55 (D):   Welche Verbindungen sind Zwischenprodukte
          beim Abbau von Fructose zu Lactat in der
          Leber?

          1 Fructose-6-phosphat
          2 Fructose-1,6-bisphosphat
          3 Dihydroxyaceton
          4 Fructose-1-phosphat

Acetyl-CoA-Abbau zu CO_2 (Citrat-Cyclus)

56 (A):   Bringen Sie die im Citratcyclus fungieren-
          den Enzyme in die richtige Reihenfolge.

          1 α-Ketoglutarat-Dehydrogenase
          2 Citrat-Synthase
          3 Isocitrat-Dehydrogenase
          4 Succinat-Thiokinase
          5 Succinat-Dehydrogenase
          6 Malat-Dehydrogenase

          A 2 3 1 5 4 6   D 2 3 1 4 5 6
          B 2 3 6 4 5 1   E 6 5 4 1 3 2
          C 1 5 4 6 2 3

57 (D)   Nennen Sie die Produkte der Isocitrat-De-
          hydrogenase-Reaktion.

          1 α-Ketoglutarat   3 CO_2
          2 Citrat   4 ATP

58 (D): Wählen Sie die im Citratcyclus fungierenden Enzyme aus

1 Glutamat-Dehydrogenase
2 α-Ketoglutarat-Dehydrogenase
3 Pyruvat-Dehydrogenase
4 Succinat-Dehydrogenase

59 (A): Bringen Sie die Zwischenprodukte des Citratcyclus in die richtige Reihenfolge.

1 Citrat	A	1 2 5 6 4 3
2 α-Ketoglutarat	B	1 2 6 4 3 5
3 Oxalacetat	C	1 5 2 6 4 3
4 Succinat	D	1 5 6 2 4 3
5 Isocitrat	E	1 3 4 6 2 5
6 Succinyl-CoA		

60-62 (B): Identifizieren Sie im Schema des Citratcyclus die aufgeführten Metabolite.
OA = Oxalacetat, CIT = Citrat, ICIT = Isocitrat.

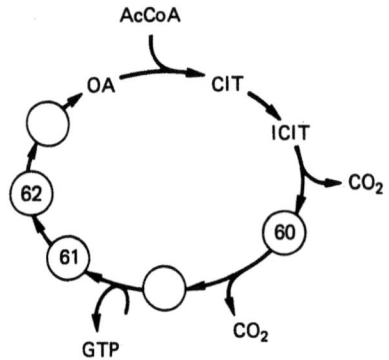

A Succinat   D α-Ketoglutarat
B Fumarat   E Malonat
C Pyruvat

63 (D)   Welche Enzyme sind im Muskel wichtig für die Integration des Kohlenhydrat-Abbaus zu CO_2 in den Gesamtstoffwechsel?

1 Hexokinase
2 Pyruvat-Dehydrogenase
3 Citrat-Synthase
4 Isocitrat-Dehydrogenase

Störungen im Kohlenhydratstoffwechsel

64 (E,D): Geben Sie an, welche Reaktionsschritte bei Galaktosämie defekt sein können.

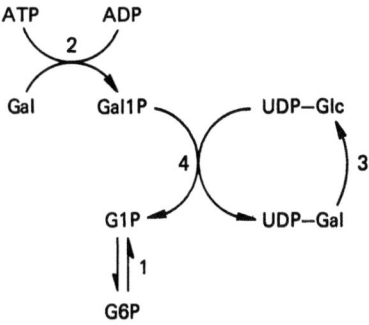

65 (D): Fructose-Intoleranz
1 führt zu Hypoglykämie nach Fructosegabe
2 ist bedingt durch einen Defekt der Fructose-1,6-bisphosphat-Aldolase
3 führt zu einer Fructose-Ausscheidung im Harn nach Fructosegabe
4 ist bedingt durch einen Defekt der Ketohexokinase

66 (C): Im Erythrocyten liegt Hämoglobin zu etwa 1% als Methämoglobin vor, weil die Bereitstellung von reduziertem Glutathion nicht ausreicht, spontan gebildetes Methämoglobin vollständig zu reduzieren.

67 (A): Bringen Sie die Effekte bei der Pathogenese einer enzymopathischen hämolytischen Anämie in die richtige Reihenfolge.

1 Anämie
2 Stoffwechselstörung
3 ATP- und NADPH-Abfall
4 Reticulocytose
5 gesteigerte Erythropoese
6 verkürzte Halblebenszeit der Erythrocyten

A 2 3 6 4 5 1   D 3 2 6 1 5 4
B 2 3 6 1 5 4   E 2 3 6 5 4 1
C 3 2 6 5 4 1

68 (C): Bei einem Glucose-6-phosphat-Dehydrogenase-Defekt kommt es zur Bildung von Heinz-Körpern, weil die SH-Gruppen des Hämoglobin nicht ausreichend vor Oxidation geschützt werden können.

Hyperlipoproteinämien

69 (D): Welche der folgenden Lipoproteine sind im Nüchternserum unter physiologischen Bedingungen zu finden?

1 Prä-ß-Lipoproteine
2 α-Lipoproteine
3 ß-Lipoproteine
4 Chylomikronen

70 (D): Welche Aussagen über den Lipidstoffwechsel der Leber sind richtig?

1 Sie gibt Chylomikronen über die Lymphe ans Blut ab
2 Sie synthetisiert Triglyceride
3 Sie speichert neusynthetisierte Triglyceride
4 Sie synthetisiert Fettsäuren

71 (D): Sekundäre Hyperlipoproteinämien können auftreten bei

1 Überernährung mit Fett
2 Hungerkuren (Nulldiät)
3 Überernährung mit Kohlenhydraten
4 ererbtem Lipoprotein-Lipase-Mangel

72 (D): Die Behandlung einer Fett-induzierten Hyperlipoproteinämie besteht in

1 fettfreier Diät
2 Kohlenhydrat-freier und Protein-reicher Diät
3 Gabe von Aceton zur Verbesserung der Lipidlöslichkeit
4 Fett-armer Diät mit kurzkettigen Fettsäuren

6 Verwertung von Energiespeichern und Energiegewinnung in der Postresorptionsphase

Prüfungsfragen

Organspezifischer Substratfluß im "Hunger" und im "Fasten"

1 (D): Welche der angegebenen Umsatzzahlen pro 24 h treffen für die Postresorptionsphase "Hunger" zu?

    1   40 g Glucose
    2 160 g Triglyceride
    3 200 g Protein
    4   60 g Ketonkörper

2 (D): Welche Effekte würden Sie nach Entfernung der Leber (Hungerphase) im Tierexperiment erwarten?

    1 Lactat ↑   3 Ketonkörper ↓
    2 Aminosäuren ↓   4 Glucose ↑

3 (D): Welche der angegebenen Umsatzzahlen pro 24 h treffen angenähert für die Situation "längeres Fasten" (Nulldiät) zu?

    1   80 g Glucose
    2 150 g Triglycerid
    3   20 g Protein
    4   10 g Ketonkörper

4-9 (B): Welche Substanzen werden in der Postresorptionsphase (Ruhe) von welchem Organ überwiegend gebildet bzw. freigesetzt?

    4 Fettsäuren   A Leber
    5 Glucose   B Niere
    6 Harnstoff   C Muskel
    7 Lactat   D Fettgewebe
    8 Ketonkörper E Erythrocyt
    9 Aminosäuren

10-13 (B): In welchen Organen werden welche Substanzen in der Postresorptionsphase überwiegend gebildet bzw. freigesetzt?

10	Leber	12	Muskel
11	Fettgewebe	13	Niere

A	Fettsäuren	D	Ammoniak
B	Glucose	E	Keine der angegebenen Substanzen
C	Aminosäuren		

Stoffwechselsteuerung durch Glucagon, Catecholamine und andere Hormone

Glucagon

14 (A): Welchen quantitativ wichtigen Prozeß fördert Glucagon am Fettgewebe?

A Glykogen → Glucose
B Glucose → Glykogen
C Protein → Aminosäuren
D Triglyceride → Fettsäuren
E Fettsäuren → Triglyceride

15 (A): Welchen Prozeß fördert Glucagon am Muskel?

A Glykogen → Glucose
B Glucose → Glykogen
C "Induktion" der Phosphoenolpyruvat-Carboxykinase
D Protein → Aminosäuren
E Triglyceride → Fettsäuren

16 (D): Welche Faktoren hemmen die Sekretion von Glucagon?

1 Pankreozymin   3 Aminosäuren
2 Catecholamine   4 Glucose

17 (C): Nach einer normalen kohlenhydratreichen Mahlzeit steigt im Blut die Insulin-Konzentration nur leicht, die Glucagon-Konzentration stark an, weil es sonst bei normal erhöhter Insulin-Konzentration zu einer Hypoglucosämie kommen würde.

18 (A): Welche Veränderung der Blutspiegel an Glucose und Lactat muß man nach Gabe von Glucagon in Ruhe erwarten?

	Glucose	Lactat		Glucose	Lactat
A	↑	→	D	↓	↑
B	→	↑	E	↑	↓
C	→	→			

19 (C): Glucagon hat keine Stoffwechselwirkungen am Muskel, weil der Muskel keine Glucagonreceptoren hat.

20 (A): Glucagon

    A ist ein Tripeptid
    B ist ein Polypeptid mit 29 Aminosäuren
    C ist ein Polypeptid mit zwei S-S verbundenen Peptidketten
    D ist ein Proteohormon mit einem Molekulargewicht von 51000
    E ist ein Phenylalanin-Derivat

Catecholamine

21 (D): cAMP

    1 wird aus ATP durch die Adenylat-Cyclase gebildet
    2 wird hydrolytisch durch eine spezifische Phosphodiesterase gespalten
    3 stimuliert Protein-Kinasen
    4 inhibiert Phosphoprotein-Phosphatasen

22 (D): Welche Komponenten des cAMP-Systems sind membrangebunden?

    1 Adenylat-Cyclase
    2 Überträger-Protein
    3 Receptor-Protein
    4 Phosphodiesterase

23 (D): Catecholamin-Hormone werden gebildet

    1 im Nebennierenmark
    2 im Hypothalamus
    3 in sympathischen Nervenendigungen
    4 im endokrinen Pankreas

24 (C): Die Wirkung der Catecholamine wird offenbar nur durch Wiedereinspeicherung in die Membranvesikel beendet, weil es keine abbauenden Enzyme zu geben scheint.

25 (D): Die Catecholamin-Sekretion wird stimuliert durch

    1 hohe Ketonkörper-Konzentrationen
    2 niedrige Glucose-Spiegel
    3 hohe Fettsäuren-Konzentrationen
    4 neurale Reize

26 (A): Bringen Sie die Vorgänge bei der Catecholamin-Sekretion in die richtige Reihenfolge.

    1 Präsynaptische Sympathicusreizung
    2 Calcium-Einstrom
    3 Acetylcholin-Ausschüttung
    4 Fusion von Vesikeln und Plasmamembran

    A 1 2 4 3   D 1 4 2 3
    B 4 2 1 3   E 3 2 1 4
    C 1 3 2 4

27 (D): Welche Catecholamin-Wirkungen sind α-Effekte?

    1 Steigerung der Herzleistung
    2 Steigerung der Glykogenolyse
    3 Steigerung der Lipolyse
    4 Hemmung der Insulinsekretion

28 (D): Welche Effekte haben Catecholamine an der Leber?

    1 Hemmung der Glucose-Aufnahme
    2 Steigerung der Glykogenolyse
    3 Steigerung der Lipolyse
    4 Steigerung der Proteolyse

29 (C): Insulin ist ein Antagonist der Catecholamine, weil es die cAMP-Phosphodiesterase zu stimulieren scheint.

30 (D): Die Wirkungsperiode von Noradrenalin wird beendet durch

    1 Wiedereinspeicherung in die Nervenendigungen
    2 Methylierung zu 3-Methylnoradrenalin
    3 Oxidation zu 3,4-Dihydroxymandelaldehyd
    4 Hydroxylierung zu Vanillinmandelsäure

Glucocorticoide, Somatotropin, Thyroxin

31 (D): cAMP ist der intracelluläre Bote für die Wirkung von

    1 Glucagon auf die Glykogenolyse
    2 Insulin auf die Gluconeogenese
    3 Adrenalin auf die Lipolyse
    4 Glucocorticoiden auf die Proteolyse

32 (D): Glucocorticoide

1 sind 17α-Hydroxy-C_{21}-Steroide
2 werden in der Nierenrinde gebildet
3 werden im Blut gebunden an Proteine (Transcortin, Albumin) transportiert
4 werden durch Dehydrierung in der Leber und Niere inaktiviert

33 (D): Glucocorticoide

1 werden ausgehend von Cholesterol synthetisiert
2 werden nach Stimulation ihrer Synthese durch ACTH sezerniert
3 fördern am Muskel die Proteolyse
4 wirken am Erfolgsorgan über membranständige Receptoren

34 (D): Glucocorticoide

1 hemmen die Glucose-Aufnahme (Muskel, Fettgewebe)
2 fördern die Glykogenolyse (Leber)
3 fördern die Gluconeogenese (Leber)
4 fördern die Proteolyse (Leber)

35 (D): Welche Hormone werden über die Pfortader in die Blutbahn eingeschleust?

1 Adrenalin
2 Somatotropin
3 Glucocorticoide
4 Glucagon

36 (D): Die Ausschüttung welcher Hormone ist von Freigabe-Hormonen des Hypothalamus abhängig?

1 Somatotropin
2 Thyroxin
3 Glucocorticoide
4 Adrenalin

37 (D): Welche Schritte gehören zur Inaktivierung von Thyroxin?

1 Bindung an Proteine
2 Dejodierung zum Thyronin
3 Decarboxylierung zum Tetrajodthyroxamin
4 Glucuronidierung an der phenolischen OH-Gruppe

38 (A): Welcher Prozeß wird langfristig durch Somatotropin gehemmt?

  A Glucose-Aufnahme (Fettgewebe)
  B Aminosäuren-Aufnahme (Muskel)
  C Lipolyse (Fettgewebe)
  D Proteosynthese (Muskel)
  E Glykogenolyse (Leber)

39 (A): Welches Organ bildet Somatotropin?

  A Schilddrüse   D Leber
  B Hypophyse   E Nierenmark
  C Hypothalamus

40 (D): Welche Hormone zeigen einen diurnalen Rhytmus?

  1 Adrenalin   3 Thyroxin
  2 Glucocorticoide 4 Somatotropin

41 (D): Welche Prozesse werden durch Thyroxin gesteigert?

  1 Lipolyse (Fettgewebe)
  2 Glykogenolyse (Leber)
  3 O_2-Aufnahme (Leber, Muskel, Fettgewebe)
  4 Proteolyse (Muskel)

42 (D): Welche Faktoren fördern die Thyroxin-Produktion und -Ausschüttung?

  1 Fasten   3 Insulin
  2 Adrenalin   4 Kälteexposition

Bereitstellung monomerer Substrate aus den Energiespeichern

Glykogen-Abbau

43 (D): Welche Gleichungen beschreiben einen am Glykogen-Abbau in der Leber beteiligten Prozeß? G6P = Glucose-6-phosphat; Glc = Glucose; Gg = Glykogen

  1 $G6P + UDP \longrightarrow Glc + UTP$
  2 $Gg(Glc_n) + 5\ P_a \longrightarrow Gg(Glc_{n-5}) + 5\ G6P$
  3 $G6P + ADP \longrightarrow Glc + ATP$
  4 $G6P + H_2O \longrightarrow Glc + P_a$

44 (D): Welche der angegebenen interkonvertierbaren Enzyme sind in der nicht-phosphorylierten Form aktiv?

  1 Glykogen-Phosphorylase
  2 Glykogen-Synthase

                3 Hormonsensitive Triglycerid-Lipase
                4 Pyruvat-Dehydrogenase

45 (C): Die Aktivitäten des Pyruvat-Dehydrogenase-Komplexes und der Glykogen-Synthase verhalten sich in der Leber umgekehrt proportional, weil die Polymerisation von Glucose typisch für die Resorptionsphase und die Pyruvat-Dehydrierung typisch für die Postresorptionsphase ist.

46 (C): Der Muskel kann Glykogen nur zum Eigenbedarf verwenden, d.h. nicht zu freier Glucose abbauen, weil er keine Glucose-6-phosphatase hat.

47 (A): Wählen Sie die am Glykogen-Abbau zu Glucose-6-phosphat beteiligten Enzyme aus und bringen Sie sie in die richtige Reihenfolge.

                1 Glykogen-Phosphorylase
                2 Phosphoglucose-Mutase
                3 1,4 → 1,4-Transglucosidase
                4 1,4 → 1,6-Transglucosidase
                5 α-Glucosidase
                6 Phosphoglucose-Isomerase
                7 Glucose-6-phosphatase
                8 Amylo-1,6-Glucosidase

                A 1 3 8 2   D 1 5 6 7
                B 1 2 3 8   E 5 1 4 7
                C 1 4 6 7

48 (C): Calcium schaltet den Glykogen-Abbau im Muskel an, weil es die Phosphorylase-Kinase direkt stimuliert.

49 (C): Bei ausreichenden Glykogen-Spiegeln bleibt die Glykogen-Phosphorylase aktiv, weil Glykogen die Phosphorylase-Phosphatase stimuliert.

Triglycerid-Abbau

50 (D): Für das Fettgewebe gilt:

                1 Die Lipolyse wird durch Glucagon und Adrenalin stimuliert
                2 Lipoproteine werden an das Blut abgegeben
                3 Die Synthese von Triglyceriden wird durch Insulin erhöht
                4 Die de novo-Synthese von Fettsäuren ist nicht möglich

51 (D): Welche Aussagen sind richtig?

1. Die im Unterhautfettgewebe abgelagerten Depotfette sind hauptsächlich Triglyceride
2. Ein Nahrungsüberschuß von etwa 10 kcal = 42 kJ führt zur Ablagerung von etwa 1 g Depotfett
3. Bei kohlenhydratreicher Nahrung wird die vom Fettgewebe aufgenommene Glucose zur Synthese von Fettsäuren verwendet
4. Bei Mobilisierung der Depotfette findet eine enzymatische Spaltung in freie Fettsäuren und Glycerol statt

52 (D): Welche Enzyme sind am Abbau von Triglyceriden im Fettgewebe beteiligt?

1. Glycerol-Kinase
2. Diglycerid-Lipase
3. Diglycerid-Acyltransferase
4. Hormonsensitive Triglycerid-Lipase

53 (A): Was ist das Endprodukt der Lipolyse?

A. Glycerolphosphat
B. Monoglycerid
C. aktivierte Fettsäuren
D. Protonen
E. Hydroxylionen

54 (D): Welche regulatorischen Enzyme werden von cAMP stimuliert?

1. Phosphorylase-Kinase-Kinase
2. Phosphorylase-Kinase
3. Triglycerid-Lipase-Kinase
4. Phosphorylase-Phosphatase

Energiegewinnung durch Abbau monomerer Substrate

Fettsäuren-Abbau

55 (D): Suchen Sie die Dehydrogenase-Reaktionen (DH) aus, die intramitochondrial NADH liefern.

1. Glycerolphosphat-DH
2. Isocitrat-DH
3. Succinat-DH
4. ß-Hydroxyacyl-CoA-DH

56 (D): Bei erhöhtem Fettsäureangebot aus dem Blut ist die Aktivität der Pyruvatdehydrogenase in vielen Organen der Konzentration an freien Fettsäuren umgekehrt proportional,

1 weil Ketonkörper eingespart werden sollten
2 weil Kohlenhydrate und Lactat nicht abgebaut werden sollten
3 weil Kohlenhydrat- und Fettverwertung im Organismus parallel ablaufende Prozesse sind
4 weil Aminosäuren für die Gluconeogenese eingespart werden sollten

57 (A): Bei welchem Metaboliten werden Fettsäuren in den Zentralbereich des oxidativen Stoffwechsels eingeschleust?

A Pyruvat D Citrat
B Oxalacetat E Acetyl-CoA
C Succinyl-CoA

58 (A): Welche Schritte sind am Abbau von langkettigen Fettsäuren beteiligt? Bringen Sie sie in die richtige Reihenfolge.

1 Thiolytische Abspaltung von Acetyl-CoA aus ß-Ketoacyl-CoA
2 Kondensation von Acetyl-CoA und ß-Ketoacyl-CoA
3 Acyl-CoA-Dehydrierung
4 Enoyl-CoA-Dehydrierung
5 Enoyl-CoA-Hydratisierung
6 Acyl-CoA-Carnitin-Umesterung
7 Acyl-Carnitin-CoA-Umesterung
8 Thiolytische Abspaltung von Acetyl-CoA aus ß-Hydroxyacyl-CoA
9 ß-Hydroxyacyl-CoA-Dehydrierung

A 6 3 7 1 8 2 D 7 6 5 3 1 2
B 6 7 3 5 9 1 E 6 7 3 4 9 1
C 6 7 3 5 1 2

59 (D): Welche Gleichungen beschreiben einen am Fettsäuren-Abbau beteiligten Prozeß?

1 Fettsäure + CoA + ATP = Acyl-CoA + AMP + PP_a
2 Acyl-CoA + NAD^+ = Enoyl-CoA + NADH + H^+
3 Acyl-CoA + Carnitin = Acyl-Carnitin + CoA
4 Acetoacetat + CoA = 2 Acetyl-CoA

60 (C): Ungesättigte Fettsäuren wie Ölsäure mit einer 9,10-Doppelbindung können nicht vollständig abgebaut werden, weil nach dreimaligem Durchlaufen der ß-Oxidationsspirale eine 3,4- statt einer 2,3-Doppelbindung entsteht.

61 (A): Suchen Sie die am Abbau ungeradzahliger Fettsäuren beteiligten Enzyme aus und bringen Sie sie in die richtige Reihenfolge.

1 Propionat-Kinase
2 Propionyl-CoA-Carboxylase
3 Methylmalonyl-CoA-Mutase
4 Metyhlmalonyl-CoA-Racemase
5 Succinyl-CoA-Dehydrogenase
6 Propionyl-CoA-Hydratase

A 1 2 6
B 1 2 3
C 1 4 6
D 2 4 3
E 2 3 5

Ketonkörper-Abbau

62 (D): Welche Enzyme sind an der Verwertung von Ketonkörpern (Umwandlung bis Acetyl-CoA) beteiligt?

1 ß-Hydroxybutyrat-Dehydrogenase
2 Acetacetyl-CoA-Thiolase
3 Succinyl-CoA-Acetoacetat-Thiophorase
4 Succinat-Thiokinase

63 (D): Welche Organe verwerten Ketonkörper?

1 Leber
2 Fettgewebe
3 Erythrocyt
4 Muskel

64 (D): Welche Organe verwerten Ketonkörper nicht?

1 Nierenrinde
2 Herz
3 ZNS
4 Nierenmark

65 (A): Welches Enzym ist an der Verwertung von Ketonkörpern nicht beteiligt?

A ß-Hydroxybutyrat-Dehydrogenase
B Acetacetyl-CoA-Thiolase
C Succinyl-CoA-Acetoacetat-CoA-Transferase (Thiophorase)
D ß-Hydroxybutyryl-CoA-Dehydrogenase
E Citrat-Synthase

66 (A): Welcher Quotient kann als Maß für das mitochondriale NAD$^+$/NADH-Verhältnis angesehen werden?

A Lactat/Pyruvat
B Glutamat/α-Ketoglutarat
C ß-Hydroxybutyryl-CoA/Acetacetyl-CoA
D Hydroxybutyrat/Acetoacetat
E Malat/Oxalacetat

Aminosäuren-Abbau

67 (E,A): In der folgenden Skizze ist ein Fehler.

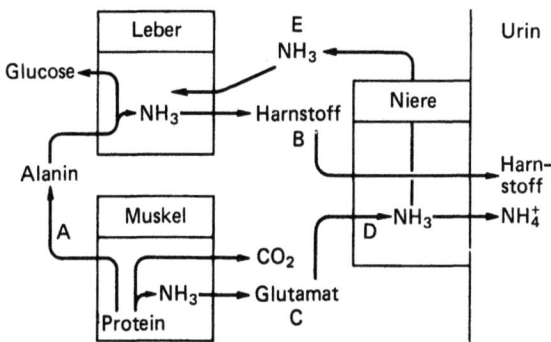

68 (D): Welche Aminosäuren werden über Succinyl-CoA abgebaut?

1 Alanin   3 Phenylalanin
2 Aspartat   4 Valin

69 (D): Welche Reaktionsgleichungen sind richtig?

1 Threonin $\xrightarrow{PALP}$ α-Ketobutyrat + NH$_3$
2 Phenylalanin + O$_2$ ⟶ Tyrosin + H$_2$O
3 Tyrosin + α-Ketoglutarat $\xrightarrow{PALP}$ Glutamat + p-Hydroxyphenylpyruvat
4 Glutamat + NAD$^+$ ⟶ α-Ketoglutarat + NADH + H$^+$

70 (D): Welche der folgenden Aussagen sind richtig?

1 Alle essentiellen Aminosäuren sind ketogen
2 Alle glucoplastischen Aminosäuren werden über Pyruvat abgebaut
3 Alle Zwischenprodukte des Citratcyclus sind Dicarbonsäuren
4 Alle Zwischenprodukte des Harnstoffcyclus sind Aminosäuren

71 (D): An welchen Enzymreaktionen ist Pyridoxalphosphat als Cofaktor beteiligt?

    1 Dehydrierende Decarboxylierung
    2 Bildung biogener Amine
    3 Bildung von Glykosid-Bindungen
    4 Transaminierungen

72 (D): Welche Aminosäuren werden über α-Ketoglutarat abgebaut?

    1 Glutamat   3 Arginin
    2 Histidin   4 Phenylalanin

73-77 (B): Ordnen Sie jedem Cofaktor das zugehörige Vitamin zu.

    73 Thiaminpyrophosphat
    74 FAD
    75 Coenzym A
    76 NAD
    77 Pyridoxalphosphat

    A Riboflavin   D Vitamin B_6
    B Pantothensäure   E Nicotinsäure
    C Vitamin B_1

78 (D): Welche Aminosäuren sind nur gluco- und nicht auch ketogen?

    1 Isoleucin   3 Leucin
    2 Valin   4 Serin

79 (D): Welche Verbindungen sind normale (nichtpathologische) Zwischenprodukte des Abbaus von Phenylalanin?

    1 Phenylpyruvat
    2 p-Hydoxyphenylalanin
    3 Dihydroxyphenylalanin
    4 Homogentisinat

80 (A): Welche Aminosäure enthält 3 N-Atome?

    A Lysin   D Histidin
    B Leucin   E Ornithin
    C Arginin

81-84 (B): Who is who?

    A Isoleucin
    B Valin
    C Threonin
    D Tyrosin
    E Tryptophan

81 [Tyrosine structure: H₃N⁺-CH(COO⁻)-CH₂-C₆H₄-OH]

82 [Valine structure: H₃N⁺-CH(COO⁻)-CH(CH₃)₂]

83 [Tryptophan structure: H₃N⁺-CH(COO⁻)-CH₂-indole]

84 [Isoleucine structure: H₃N⁺-CH(COO⁻)-CH(CH₃)-CH₂-CH₃]

85-88 (B): Ordnen Sie jeder Reaktion den typischen Cofaktor zu

    85 Dehydrierende Decarboxylierung
    86 Transaminierung
    87 Eliminierende Desaminierung
    88 Carboxylierung

    A Pyridoxalphosphat
    B Thiaminpyrophosphat
    C Coenzym B_{12}
    D Biotin
    E Tetrahydrofolat

89 (D): Welche Aminosäuren werden im menschlichen Blut in hoher Konzentration (>200 µmol/l) transportiert?

    1 Glutamin   3 Alanin
    2 Glycin   4 Glutamat

90 (D): Welche Aminosäuren werden im "Hunger" bevorzugt vom Muskel an die Blutbahn abgegeben (= große AV-Differenz)?

    1 Glutamat   3 Arginin
    2 Glutamin   4 Alanin

91 (D): Bei welchen Aminosäuren wird der α-Stickstoff durch Transaminierung entfernt?

    1 Valin   3 Tyrosin
    2 Alanin   4 Serin

92-94 (B): Ordnen Sie den Funktionsbezeichnungen innerhalb des Aminosäuren-Stoffwechsels die passenden Organe zu.

92 Hauptabbauort   A Niere
93 Nebenabbauort   B Muskel
94 Teilabbauort   C Erythrocyten
                            D Leber
                            E Herz

95 (D): Welche Aminosäuren können über Fumarat abgebaut werden?

1 Phenylalanin   3 Aspartat
2 Leucin   4 Serin

96 (D): Welche Aminosäuren gehören zur Pyruvat-Familie?

1 Alanin   3 Serin
2 Glycin   4 Leucin

97 (D): Welche Aminosäuren werden über Acetoacetyl-CoA abgebaut?

1 Lysin   3 Tyrosin
2 Leucin   4 Isoleucin

98 (D): Welche Nucloetide sind am Purinnucleotid-Cyclus der NH_3-Freisetzung beteiligt?

1 Xanthosinmonophosphat
2 Inosinmonophosphat
3 Guanosinmonophosphat
4 Adenosinmonophosphat

99 (D): Welche Reaktionsgleichungen sind richtig?

1 Aspartat + GTP + IMP = Fumarat + GDP + AMP
2 Serin = Pyruvat + NH_3
3 Lysin + O_2 = α-Keto-ε-Aminoadipinat + H_2O
4 Glutamat + Pyruvat = Alanin + α-Ketoglutarat

100 (D): Welche Organe können NH_3 an die Blutbahn abgeben?

1 Niere   3 Muskel
2 Darm   4 Leber

101 (A): Bei welcher Aminosäure ist die eliminierende Desaminierung nicht abhängig von Pyridoxalphosphat?

A Serin
B Threonin

C Histidin
D Cystein
E Homoserin

Harnstoff-Bildung

102 (D): Welche der an der Harnstoffbildung beteiligten Enzyme sind in den Mitochondrien lokalisiert?

1 Arginase
2 Glutamat-Oxalacetat-Transaminase
3 Argininosuccinat-Synthetase
4 Carbamylphosphat-Synthetase

103 (A): Wählen Sie die zum Harnstoffcyclus gehörenden Enzyme aus und bringen Sie sie in die richtige Reihenfolge.

1 Glutamat-Pyruvat-Transaminase
2 Carbamylphosphat-Synthetase
3 Arginase
4 Fumarase
5 Argininosuccinat-Lyase
6 Ornithin-Carbamylphosphat-Transferase
7 Glutamat-Dehydrogenase
8 Argininosuccinat-Synthetase

A 2 6 8 3   D 6 5 8 3
B 2 6 4 3   E 6 1 7 3
C 6 8 5 3

104 (D): Welche der an der Harnstoffbildung beteiligten Enzyme sind im Cytoplasma lokalisiert?

1 Argininosuccinat-Lyase
2 Ornithin-Carbamylphosphat-Transferase
3 Argininosuccinat-Synthetase
4 Carbamylphosphat-Synthetase

105 (C): Der limitierende Schritt im Harnstoffcyclus ist die Umwandlung von Citrullin in Argininosuccinat, weil dabei ATP in AMP und PP_a gespalten wird, was einem Aufwand von 2 ATP entspricht.

106 (D): Welche Enzyme sind an der Umwandlung von NH$_3$ aus dem Darm zu Harnstoff in der Leber beteiligt?

1 Carbamylphosphat-Synthetase
2 Glutamat-Dehydrogenase
3 Glutamat-Oxalacetat-Transaminase
4 Glutamat-Pyruvat-Transaminase

107 (A): Wieviel ATP werden zur Ausscheidung von einem α-Aminostickstoff in Form von NH$_3$ benötigt?

A 0   D 3
B 1   E 4
C 2

Ammoniak-Ausscheidung

108 (D): Welche Organe geben Glutamin an die Blutbahn ab?

1 Leber   3 Niere
2 Muskel   4 ZNS

109 (A): In welchem Zellkompartiment ist die Glutaminase lokalisiert?

A Kern
B Plasmamembranen
C Endoplasmatisches Reticulum
D Cytosol
E Mitochondrien

Bereitstellung monomerer Substrate aus monomeren Vorläufern

Gluconeogenese

110 (D): Welche Aminosäuren sind die Hauptsubstrate der Gluconeogenese der Leber?

1 Valin   3 Prolin
2 Alanin   4 Serin

111 (D): Welche Enzyme sind an der Gluconeogenese beteiligt?

1 Fructosebisphosphat-Phosphatase
2 Glucose-6-phosphat-Dehydrogenase
3 Glucose-6-phosphat-Phosphatase
4 Phosphofructokinase

112 (A): Bringen Sie die an der Gluconeogenese aus Alanin beteiligten Enzyme in die funktionell richtige Reihenfolge.

1 PEP-Carboxykinase (cytopl.)
2 Malat-Dehydrogenase (cytopl.)
3 Malat-Dehydrogenase (mitoch.)
4 Glutamat-Pyruvat-Transaminase (cytopl. od. mitoch.)
5 Pyruvat-Carboxylase (mitoch.)

A 1 2 3 4 5   D 4 1 5 3 2
B 1 3 4 5 2   E 4 5 3 2 1
C 2 1 3 5 4

113 (A): Welches der angegebenen Enzyme wird durch Acetyl-CoA aktiviert?

A Phosphofructokinase
B Fructosebisphosphat-Phosphatase
C Pyruvat-Dehydrogenase
D Pyruvat-Carboxylase
E Pyruvat-Kinase

114 (A): Wählen Sie die an der Gluconeogenese aus Lactat beteiligten Enzyme aus und bringen Sie sie in die richtige Reihenfolge.

1 Glutamat-Oxalacetat-Transaminase (mitoch.)
2 Lactat-Dehydrogenase (cytopl.)
3 Pyruvat-Carboxylase (mitoch.)
4 Malat-Dehydrogenase (mitoch.)
5 Glutamat-Oxalacetat-Transaminase (cytopl.)
6 Malat-Enzym (cytopl.)
7 Malat-Dehydrogenase (cytopl.)
8 Phosphoenolpyruvat-Carboxykinase

A 2 8 3 1 5   D 2 3 1 5 8
B 2 4 7 6 8   E 2 3 5 1 8
C 2 3 4 7 8

115 (A): Welche Verbindung ist kein Zwischenprodukt der Gluconeogenese aus Pyruvat?

A Oxalacetat
B 3-Phosphoglycerat
C Glycerolphosphat
D Fructosebisphosphat
E Fructose-6-phosphat

116 (A): Wieviel mol ATP werden pro mol Glucose für die Gluconeogenese aus Lactat ohne Berücksichtigung von Transportprozessen benötigt?

A 2
B 4
C 6
D 10
E 12

117 (D): Welche der an der Gluconeogenese beteiligten Enzyme sind biloculär?

1 Glutamat-Oxalacetat-Transaminase
2 Glutamat-Pyruvat-Transaminase
3 Malat-Dehydrogenase
4 Glutamat-Dehydrogenase

118 (D): Über welche Zellkompartimente ist die Gluconeogenese verteilt?

1 Cytosol
2 Endoplasmatisches Reticulum
3 Mitochondrien
4 Plasmamembran

119 (A): Welches Enzym des Kohlenhydratstoffwechsels der Leber wird durch Alanin gehemmt?

A Pyruvat-Dehydrogenase
B Pyruvat-Carboxylase
C Pyruvat-Kinase
D Fructosebisphosphatase
E Fructosephosphatkinase

120 (D): Welche Effectoren stimulieren die Phosphofructokinase der Leber?

1 Citrat
2 Alanin
3 ATP
4 AMP

121 (A): Der Spiegel von welchem Enzym wird in der Niere bei Adaptation an eine metabolische Acidose deutlich erhöht?

A Lactat-Dehydrogenase
B Glutaminase
C Hexokinase
D Pyruvatkinase
E Phosphofructokinase

122 (D): Welche Aussage über die "Metabolische Zonierung" der Leber ist richtig?

1 Die perivenöse Zone wird mit höheren Spiegeln an O_2 und Substraten versorgt
2 Der Glykogen-Abbau beginnt in der periportalen Zone

3 Die perivenöse Zone ist größer als die periportale Zone
4 Die Glucose-6-phosphatase ist bevorzugt im periportalen Bereich lokalisiert

Ketogenese

123 (D)   In der Leber werden verstärkt Ketonkörper gebildet,

1 wenn die Konzentration an Fettsäuren im Blut erhöht ist - aufgrund der Wirkung von Glucagon
2 wenn die aufgrund der Wirkung von Insulin aktivierte Pyruvat-Dehydrogenase-Reaktion mehr Acetyl-CoA anliefert als oxidiert werden kann
3 wenn das aus der Thiolase-Reaktion anfallende Acetyl-CoA nicht vollständig zu Citrat umgesetzt werden kann - aufgrund einer Hemmung der Citrat-Synthase durch eine gesteigerte ATP-Konzentration
4 wenn die Fettsäuresynthese vermindert ist, so daß Acetyl-CoA zur Ketogenese zur Verfügung steht

124 (D):   Der Blutspiegel welcher Verbindungen steigt beim Übergang von der Resorptions- in die Postresorptionsphase an?

1 Glucose   3 Aminosäuren
2 Ketonkörper   4 Fettsäuren

125 (D):   Welche Enzyme sind an der Biosynthese von Ketonkörpern ausgehend von Acetyl-CoA nicht beteiligt?

1 Thiolase
2 Hydroxybutyryl-CoA-Dehydrogenase
3 Hydroxymethylglutaryl-CoA-Synthase
4 Acetyl-CoA-Carboxylase

126 (C):   In der Niere werden Ketonkörper gebildet, weil das aus der ß-Oxidation anfallende Acetyl-CoA im ATP-gehemmten Citrat-Cyclus nicht oxidiert werden kann.

127 (C):   Insulin wirkt antiketogen, weil es die Lipolyse hemmt.

Glykogenosen

128 (D): Welche Glykogenosen weisen einen erhöhten Glykogengehalt mit abnormaler Struktur auf?

1 α-Glucosidase-Defekt
2 Entzweigungsenzym-Defekt
3 Glykogen-Synthase-Defekt
4 Verzweigungsenzym-Defekt

129-133 (B): Ein Glucagon-Test wird mit Gesunden und Glykogenose-Patienten durchgeführt. Geben Sie für jeden Fall an, welches Ergebnis zu erwarten ist.

129 Gesunder
130 Glucose-6-phosphatase-Defekt
131 Entzweigungsenzym-Defekt
132 Muskel-Phosphorylase-Defekt
133 Leber-Phosphorylase-Defekt

A Glucose ↑ Lactat→
B Glucose → Lactat↑
C Glucose → Lactat→
D Glucose ↑ Lactat↑
E Glucose ↓ Lactat↓

134 (D): Welche Glykogenosen sind durch Hypoglucosämie gekennzeichnet?

1 Glucose-6-phosphatase-Defekt
2 Entzweigungsenzym-Defekt
3 Leber-Phosphorylase-Defekt
4 Muskel-Phosphorylase-Defekt

135 (C): Bei Glykogenose I kann es zu einer Hyperuricämie kommen, weil die erhöhte Lactat-Konzentration die Harnsäuresekretion in der Niere hemmt.

Fettembolie

136 (A): Eine tödliche Perfusionsstörung der Lunge tritt auf bei Verlegung der Lungenstrombahn durch Fett zu

A 1%   D 60%
B 5%   E 90%
C 10%

137 (D): Beim Fettemboliesyndrom wird die Verlegung der Lungenstrombahn gewöhnlich verursacht durch

                1   Fettpartikel
                2   Knochenmarkbestandteile
                3   Mikrothromben
                4   Luftbläschen

138 (D):   Die adrenerge Aktivierung beim Schocksyndrom kann zu folgenden Effekten führen:
                1   Hyperglucosämie
                2   Anstieg freier Fettsäuren im Blut
                3   Mikrothrombosierung
                4   Abfall der Blutlipide

139 (A):   An welchen Organen manifestiert sich das Fettemboliesyndrom im besondern?
                1   Lunge   3   Niere
                2   Gehirn   4   Herz

140 (D):   Welche prophylaktischen Maßnahmen könnten beim Fettemboliesyndrom aufgrund der metabolischen Theorie angezeigt sein?
                1   Gabe von ß-Receptorenblockern
                2   Gabe von Insulin und Glucose
                3   Gabe von Glucagon
                4   Gabe von Nicotinsäureamid

Diabetes mellitus

141-143 (B):   Ordnen Sie den für das Coma diabeticum typischen Syndromen jeweils ein typisches klinisches Erscheinungsbild zu.
                141   Exsiccose
                142   Acidose
                143   Elektrolytmangel (Hypokaliämie)

                A NH_3-Geruch der Atmung
                B   Kußmaulatmung; Verschlechterung des Kreislaufs
                C   Weicher Bulbus; trockene Zunge und Haut
                D   EKG-Veränderungen, Herzrhythmusstörungen
                E   Hoher Blutdruck

144 (D):   Welche Prozesse laufen im adulten Diabetiker im Vergleich zum Gesunden vermindert ab nach Nahrungsaufnahme? (L = Leber)
                1   Glucose-Aufnahme (L)
                2   Glykogensynthese (L)
                4   Gluconeogenese (L)
                5   Liponeogenese (L)

145 (D): Welche Prozesse laufen im juvenilen Diabetiker im Vergleich zum Gesunden vermindert ab nach Nahrungsaufnahme? (L = Leber, F = Fettgewebe, M = Muskel)

1 Glucose-Aufnahme (F,M)
2 Liponeogenese (F)
3 Proteosynthese (L,M)
4 Proteolyse (M)

146 (D): Welche der folgenden Aussagen sind richtig? Typisch für den Jugenddiabetes ist

1 Erniedrigte Insulinmenge in ß-Zellen
2 Störung der Insulinsekretion der ß-Zellen
3 Ketoacidose
4 Verminderte Zahl von Insulinreceptoren

147 (D): Welche der angegebenen Umsatzzahlen pro 24 h treffen angenähert für die Situation "Diabetes mellitus, Hunger" zu?

1 250 g Triglyceride
2 150 g Protein
3 60 g Ketonkörper
4 280 g Glucose

148 (A): Welche der angegebenen Befunde sind mit einem Phlorrhizin-induzierten Diabetes (Renaler Diabetes) vereinbar?

1 Hyperlipacidämie
2 Normoglucosämie
3 Ketonämie
4 Glucosurie

149 (A): Welcher Effekt kann an der Pathogenese des Insulinmangels nicht beteiligt sein?

A ß-Zellzerstörung nach Virusinfektion
B Insensitiver Glucose-Receptor der ß-Zelle
C Gesteigerte Spaltung von Proinsulin zu Insulin in der Leber
D Aufhebung der Insulinwirkung durch erhöhte Spiegel antagonistischer Hormone
E Insensitiver Insulinreceptor in Muskel und Fettgewebe

150 (D) Welche Defekte kennzeichnen den normalgewichtigen Altersdiabetiker?

1 Falsche Insulinsynthese
2 Verminderte Sensitivität der Peripherie gegenüber Insulin

       3 Verminderte Menge an β-Zellen
       4 Insensitiver Glucose-Receptor der
         β-Zelle

151 (C): Im Coma diabeticum kommt es zu einem intracellulären Kaliumverlust, weil durch das Fehlen von Insulin die K^+-Aufnahme in die Zellen vermindert ist.

152 (A): Welche Maßnahme gehört nicht zu einer rationalen Diabetes-Therapie bei jugendlichen Diabetikern?

   A Senkung des Insulinbedarfs durch Diät
   B Verzögerung der Kohlenhydratverdauung durch Amylasehemmer
   C Gabe von Sulfonylharnstoffen
   D Gabe des Glucagon-Sekretions-Hemmers Somatostatin
   E Substitution mit Fremdinsulin

Störungen der Harnstoffsynthese

153 (D): Welche Enzymreaktionen sind an der vorläufigen NH_3-Entgiftung beteiligt?

   1 Glutamat-Dehydrogenase
   2 Glutamin-Synthetase
   3 Glutamat-Oxalacetat-Transaminase
   4 Glutaminase

154 (D): Von welchen Organen gelangt NH_3 bis in die Vena cava?

   1 Niere im Gesunden
   2 Muskel im Gesunden
   3 Darm bei Leberinsuffizienz
   4 Leber bei Carbamylphosphat-Synthetase-Mangel

155 (D): Welche biochemischen Effekte beobachtet man bei einem genetischen Defekt der Argininsuccinat-Synthetase?

   1 Citrullinämie   3 Hyperammoniämie
   2 Argininämie   4 Hyperkaliämie

156 (D): Welche Enzyme der Harnstoffbildung sind auch extrahepatisch (in der Niere) vorhanden?

   1 Carbamylphosphat-Synthetase (mitochondrial)
   2 Argininsuccinat-Synthetase
   3 Ornithin-Carbamyl-Transferase
   4 Arginase

157 (A): Wodurch kann man der NH_3-Intoxikation im Gehirn entgegenwirken?

    A Hypokaliämie
    B Diuretica
    C Alkalose
    D Acidose
    E Keine der aufgeführten Möglichkeiten

158 (C): Bei einer Acidose ist die Aufnahme von NH_4^+ in die Zellen erhöht, weil sich NH_4^+ immer auf der sauren Seite von zwei durch eine Membran getrennten Räumen anreichert.

159 (D): Welche therapeutischen Maßnahmen sind bei einer erworbenen Hyperammoniämie angezeigt?

    1 Proteinreiche Kost
    2 Darmwirksame Antibiotica
    3 Diuretica
    4 Infusion von 0,1 N HCl oder 0,1 N Arginin·HCl

Fettleber

160 (D): Welche Ursachen können einer Fettleber zugrunde liegen?

    1 Diabetes mellitus
    2 Hunger
    3 Fettsucht
    4 Lebercirrhose

161 (D): Welche Effekte erklären die Entstehung einer Fettleber bei chronischer Alkoholintoxikation?

    1 Verstärkte Lipolyse im Fettgewebe
    2 Verstärkte Liponeogenese aus Alkohol in der Leber
    3 Verstärkte ß-Oxidation in der Leber
    4 Verminderte Lipoproteinbildung in der Leber

162 (C): Bei Insulinmangel kann eine Fettleber entstehen, weil Insulin die Lipolyse stimuliert.

163 (C): Das Krankheitsbild Kwashiorkor ist mit einer Fettleber kombiniert, weil durch weitgehenden Ausfall der Proteinsynthese der Leber Lipide nicht exportiert werden können.

Fettsucht (Überernährung)

164 (A): Welchen Metaboliten muß man im Harn bestimmen, um festzustellen, ob ein Patient die Null-Diät einhält oder ob er mogelt?

A Glucose
B Leucin
C ß-Hydroxybutyrat
D Harnstoff
E Creatinin

165 (A): Welches Medikament muß in der Regel bei Null-Diät gegeben werden?

A Appetitzügler   D Allopurinol
B Diuretica   E Schilddrüsenhormon
C Kreislaufmittel

166 (D): Wovon muß die Dauer der Null-Diät abhängig gemacht werden, um risikofrei zu sein?

1 Größe der Fettdepots
2 Proteinbestand des Organismus
3 Art der Fettverteilung
4 Stationäre Durchführung

167 (A): Eine 35jährige Frau von 165 cm Körpergröße wiegt 85 kg. Wie groß ist ihr Übergewicht?

A Kein Übergewicht
B 15 kg
C 20 kg
D 25 kg
E 30 kg

168 (A): Die tägliche Gewichtsabnahme beim Fasten stellt sich nach anfänglich höheren Werten ein auf etwa

A 100 g   D 800 g
B 350 g   E 1000 g
C 600 g

7 Endproduktausscheidung

Prüfungsfragen

Homöostase des Extracellularraums

1 (A): Ordnen Sie die angegebenen Plasmabestandteile nach fallender Konzentration.

   1 Bicarbonat   A 3 2 1 4 5
   2 Lactat   B 3 1 2 5 4
   3 Glucose   C 1 3 2 5 4
   4 Harnsäure   D 1 2 3 4 5
   5 Ammoniak   E 1 3 2 4 5

2 (A): Unter Glucose-Homöostase versteht man das Gleichgewicht zwischen

   A Nachschub aus Darm und Leber und Filtration in der Niere
   B Nachschub aus Darm und Leber und Rückresorption in der Niere
   C Nachschub aus Darm und Leber und Verbrauch im ZNS und anderen Organen
   D Filtration und Rückresorption in der Niere
   E Verbrauch im ZNS und anderen Organen und Rückresorption in der Niere

3-6 (B): Geben Sie für die aufgeführten Endprodukte das jeweils wichtigste Ausscheidungsorgan an.

   3 Harnstoff   A Lunge
   4 CO_2 B Niere
   5 Wasser   C Dickdarm
   6 Ammoniak   D Haut
                   E Keins der Organe

7-9 (B): Plasmabestandteile können grundsätzlich über verschiedene Mechanismen ausgeschieden werden. Ordnen Sie jedem Mechanismus ein typisches Beispiel zu.

7 Renale Filtration
8 Renale Filtration vermindert um Rückresorption
9 Renale Filtration und Sekretion

A Glucose D Fettsäuren
B Aminosäuren E p-Aminohippursäure
C Creatinin

10 (A): Wieviel g Trockenmasse werden täglich von der Niere rückresorbiert?

A 30 D 1900
B 450 E 3200
C 900

Renale Retention und Ausscheidung

11 (A): Welche Aussage ist falsch?

A Im proximalen Tubulus wird Glucose zu 100 % und Na^+ zu 75 % rückresorbiert
B Im absteigenden Schenkel der Henleschen Schleife diffundiert Wasser entsprechend dem Osmolaritätsverhältnis ins Interstitium
C Der aufsteigende Schenkel der Henleschen Schleife ist wasserundurchlässig
D Am Anfang des distalen Tublus ist der Harn hypoton
E A(nti)diuretin hemmt die Wasserrückresorption im distalen Tubulus

12 (D): Welche Prozesse sind überwiegend im proximalen Tubulus lokalisiert?

1 Lactat-verwertende Gluconeogenese
2 Glucose-Oxidation zu CO_2
3 NH_3-Ausscheidung
4 Natrium-Kalium-Antiport

13 (A): Wieviel Prozent der filtrierten Flüssigkeit sind bis zum Ende der Henleschen Schleife rückresorbiert?

A 25 D 80
B 45 E 95
C 65

14 (D): Welche Substanzen werden nicht in den Primärharn filtriert?

1 Calcium 3 Ketonkörper
2 Glycerol 4 Fettsäuren

15 (A): Welcher Blutdruck muß im Glomerulum überschritten werden, damit Harn gebildet, d.h. filtriert werden kann?

A 10 mm Hg = 1,3 kPa
B 40 mm Hg = 5,3 kPa
C 70 mm Hg = 9,3 kPa
D 120 mm Hg = 16 kPa
E 150 mm Hg = 20 kPa

16 (D): Welche Blutbestandteile werden nicht durch das gesteuerte Verhältnis zwischen Filtration und Rückresorption, sondern durch Sekretion ausgeschieden?

1 Ketonkörper 3 Protonen
2 NH_3 4 Natrium

17 (D): Welche Blutbestandteile werden durch das gesteuerte Verhältnis zwischen Filtration und Rückresorption ausgeschieden?

1 Natrium 3 Glucose
2 Chlorid 4 Ketonkörper

18 (A): Bringen Sie die durch Abfall des Plasmavolumens ausgelösten gegenregulatorischen Effekte in die richtige Reihenfolge.

1 Na^+-Rückresorption
2 Aldosteron-Ausschüttung
3 Renin-Ausschüttung
4 Angiotensin-Bildung
5 Wasser-Rückresorption im distalen Tubulus
6 Antidiuretin-Ausschüttung

A 3 2 4 6 1 5   D 3 4 2 1 6 5
B 4 3 2 6 1 5   E 3 4 2 6 1 5
C 4 3 2 1 6 5

19 (D): Für welche Substanzen gibt es eine Ausscheidungsschwelle in der Niere?

1 Glucose 3 Bicarbonat
2 Ketonkörper 4 Harnstoff

20 (D): Welche der für die Rückresorption wichtigen Transportsysteme sind auf der Lumenseite der Tubuluszelle lokalisiert?

1 Na^+/K^+-ATPase
2 Glucose-Na^+-Symport
3 Bicarbonat-Transport
4 Na^+-H^+-Antiport

21 (D): Welche Aminosäuren werden über das neutrale Na^+-Aminosäuren-Symport-System rückresorbiert?

1 Alanin   3 Phenylalanin
2 Glutamin   4 Arginin

22 (A): Wieviel g Glucose werden täglich von der Niere rückresorbiert?

A 25   D 250
B 75   E 500
C 150

23 (D): Bei welchen Substanzen scheint die Rückresorption an ihren Stoffwechsel gekoppelt zu sein?

1 Lactat   3 Glycerol
2 Ketonkörper   4 Glucose

24 (D): Welche Proteine sind fast ausschließlich im proximalen Tubulus lokalisiert?

1 Pyruvat-Kinase
2 Hexokinase
3 Aldosteron-abhängiger Na^+/K^+-Antiport
4 Phosphoenolpyruvat-Carboxykinase

25 (D): Welche Substanzen werden bidirektional transportiert, d.h. zunächst vollständig rückresorbiert und dann spezifisch sezerniert?

1 Harnstoff   3 Natrium
2 Ketonkörper   4 Kalium

26 (A): Welche Aminosäure ist das quantitativ wichtigste Substrat für die Ammoniagenese in der Nierenrinde?

A Alanin   D Asparagin
B Glycin   E Glutamat
C Glutamin

27 (D): Welche Hormone fördern die Gluconeogenese in der Nierenrinde?

1	Insulin	3	Aldosteron
2	Glucagon	4	Parathormon

28 (C): Creatinin wird durch Filtration und Sekretion ausgeschieden, weil die Creatinin-Clearance größer als die glomeruläre Filtrationsrate ist.

29 (D): Die Ausscheidung welcher Substanzen ist stark abhängig von der Nahrungsaufnahme?

    1 Harnstoff   3 Harnsäure
    2 Creatinin   4 Glucose

30 (D): Welche Veränderungen der Plasmaspiegel werden durch Parathormon über die Steuerung der Nierenfunktion bewirkt?

    1 Natrium-Erhöhung
    2 Kalium-Abfall
    3 Phosphat-Erhöhung
    4 Calcium-Erhöhung

31 (A): Welcher Sekretionsprozeß wird durch Aldosteron stimuliert?

    A Na^+ D Mg^{2+}
    B K^+ E H^+
    C Ca^{2+}

32 (C): Parathormon erhöht die Ca^{2+}- und HPO_4^{2-}-Spiegel im Blut, weil es die Ausscheidungsschwelle beider Substanzen erhöht.

Pulmonale Ausscheidung

33 (D): Welche Teilschritte der CO_2-Ausscheidung laufen in den Erythrocyten während der Lungenpassage ab?

    1 H^+-Abgabe vom Hämoglobin
    2 CO_2-Hydratisierung zu H_2CO_3
    3 Neutralisation von HCO_3^- mit H^+ zu H_2CO_3
    4 Chlorid-Einstrom in die Erythrocyten

34 (A): Wieviel Prozent des Blut-Bicarbonat werden im Plasma transportiert?

    A 25   D 75
    B 45   E 95
    C 60

35 (A): Wieviel g H_2O + CO_2 werden täglich über die Lunge bei normaler Ernährung und mittelstarker Arbeit (3000 kcal/d = 12550 kJ/d) abgegeben?

```
A  900 g Wasser +  200 g CO₂
B  600          +  400
C  500          +  600
D  400          + 1000
E  200          + 1300
```

Säure-Basen-Haushalt

36 (D): Welche Prozesse bilden Protonen, d.h. säuern das Blut an?

1 Glykolyse
2 Aminosäuren-Oxidation
3 Ketogenese
4 Salzsäure-Produktion im Magen

37 (D): Welche Prozesse verbrauchen Protonen, d.h. alkalisieren das Blut?

1 Lactat-Oxidation
2 Aminosäuren-Oxidation
3 Salzsäure-Produktion im Magen
4 Bicarbonat-Produktion im Pankreas

38 (C): Die Bicarbonat-Bildung im Pankreas führt zu einer Alkalose, weil dem Blut die Puffersäure CO_2 entzogen wird.

39 (A): Welche Aussage ist falsch?

Eine Acidose kann hervorgerufen sein

A durch eine vermehrte endogene H^+-Produktion
B durch eine vermehrte exogene H^+-Zufuhr
C durch eine vermehrte renale H^+-Sekretion
D durch einen gesteigerten Verlust von Pufferbasen
E durch eine verminderte pulmonale CO_2-Ausscheidung

40 (A): Was ist der wichtigste intracelluläre Puffer?

A Phosphat
B Bicarbonat
C Carboxylat (Acetat etc.)
D Proteinat
E Sulfat

41 (A):   Ordnen Sie die aufgeführten extracellulären
          Puffer nach ihrer quantitativen Bedeutung.

          1 Phosphat   A 1 2 3 4
          2 Bicarbonat   B 2 3 4 1
          3 Serum-Proteinat   C 3 4 1 2
          4 Hämoglobin(at)   D 2 4 3 1
                               E 2 1 3 4

Wasserhaushalt

42 (D):   Welche Aussagen sind richtig? Täglich
          werden etwa

          1 aus dem Darm 2 l Wasser resorbiert
          2 durch die Lunge 2 l Wasser ausgeschieden
          3 durch die Niere 100 l Wasser filtriert
             und rückresorbiert
          4 durch die Haut 1 l Wasser ausgeschieden

43 (C):   Schweiß ist hypoton und kann nur gebildet
          werden, weil die distalen Epithelien der
          Drüsengänge nicht frei permeabel für Wasser
          sind.

44 (D):   Welche Hormone sind an der Regulation des
          Wasserhaushalts beteiligt?

          1 Calcitonin   3 Parathormon
          2 Aldosteron   4 Antidiuretin

Elektrolythaushalt

45 (D):   Welche Aussagen sind richtig?

          1 Der Calciumgehalt des Menschen liegt
             bei etwa 1000 g
          2 Calcium hat wichtige Funktion als
             Gegenion von Phosphatgruppen
          3 Magnesium stabilisiert Proteinstrukturen, z.B. Ribosomen
          4 Der Eisenumsatz (Aufnahme und Ausscheidung) beträgt etwa 0,1 g/d

46 (D):   Welche Aussagen sind richtig? Täglich werden etwa

          1 aus dem Darm 15 g Natrium resorbiert
          2 aus dem Primärharn 600 g Natrium rückresorbiert
          3 in den Primärharn 300 g Bicarbonat
             filtriert
          4 in den Darm 15 g Chlorid sezerniert

47 (C): Zwischen intra- und extracellulärer Flüssigkeit besteht kein osmotischer Gradient trotz unterschiedlicher Kationenkonzentration, weil intracellulär die niedrigere Kationenkonzentration durch eine höhere Anionenkonzentration ausgeglichen wird.

48 (D): Welche der Aussagen sind falsch?

1 Natrium intracellulär 142 mval/l
2 Kalium intracellulär 160 mval/l
3 Chlorid intracellulär 20 mval/l
4 Phosphat intracellulär 100 mval/l

49 (D): Welche Aussagen sind richtig? Eine Gibbs-Donnan-Verteilung

1 liegt vor zwischen Plasma und Interstitium
2 führt zu einer Anreicherung permeabler Kationen im Raum mit einem impermeablen Anion
3 setzt voraus, daß das Produkt der Konzentration von permeablen Kationen und Anionen in beiden Räumen jeweils gleich ist
4 setzt voraus, daß die Summe der Konzentration von permeablen Kationen und Anionen in beiden Räumen jeweils gleich ist

Störungen der renalen Rückresorption und Sekretion

50 (D): Welche der folgenden Aussagen über die renale Glucosurie ist richtig?

1 Die renale Glucosurie ist eine Überlaufglucosurie
2 Die renale Glucosurie kann durch Alloxan experimentell erzeugt werden
3 Bei renaler Glucosurie ist der Blutzuckerspiegel normal
4 Die renale Glucosurie entsteht durch eine Erhöhung der Ausscheidungsschwelle für Glucose

51 (A): Welche Aminosäuren werden bei der Hartnup-Krankheit vermehrt ausgeschieden?

A Saure Aminosäuren
B Neutrale Aminosäuren
C Basische Aminosäuren und Glycin
D Prolin, Hydroxyprolin, Glycin
E ß-Aminosäuren

52 (C): Durch Antidiuretinmangel entsteht ein zentraler Diabetes insipidus, weil der distale Tubulus gegen Aldosteron refraktär ist.

53 (D): Hyperaldosteronismus bewirkt über den distalen Tubulus

1 Na^+-Rückresorption ↑
2 K^+-Sekretion ↑
3 Wasseraufnahme ↑
4 Blut-pH ↓ (Acidose)

54 (C): Bei Aldosteronmangel entwickelt sich eine Acidose, weil der H^+- Na^+-Tausch im distalen Tubulus gesteigert ist.

Acidosen-Alkalosen

55-58 (B): Geben Sie für jede aufgeführte Krankheit den entsprechenden Status im Säure-Basen-Haushalt an.

55 Asthma bronchiale
56 Chronische Diarrhoe
57 Angstzustände
58 Chronisches Erbrechen

A Metabolische Acidose
B Metabolische Alkalose
C Respiratorische Acidose
D Respiratorische Alkalose
E Normaler Säure-Basen-Status

59 (A): Bei einem Patienten (55 J., 180 cm, 80 kg) mit einer metabolischen Acidose wird ein Basen-Überschuß von (minus!) -15 mval/l bestimmt. Welche der angegebenen therapeutischen Maßnahmen ist richtig? Infusion von

A 12 mval Lysin-Hydrochlorid
B 120 mval Lysin-Hydrochlorid
C 36 mval $NaHCO_3$
D 360 mval $NaHCO_3$
E 24 mval NH_4Cl

60 (A): Welcher Säure-Basen-Status ergibt sich aus folgenden Laborwerten:

pH 7,25; (HCO_3^-) = 10 mmol/l; $(H_2CO_3 + CO_2)$ = 0,71 mol/l

A Respiratorische Acidose teilweise kompensiert
B Respiratorische Alkalose teilweise kompensiert
C Metabolische Acidose teilweise kompensiert
D Metabolische Acidose nicht kompensiert
E Metabolische Alkalose nicht kompensiert

61 (D): In welchen der aufgeführten Fälle kann es zu einer Lactatacidose kommen?

1 Fasten
2 Periphere Durchblutungsstörung (Schock)
3 Diabetes mellitus
4 Intensive körperliche Belastung

62 (C): Der Ausgleich einer respiratorischen Acidose erfolgt durch Aufsetzen einer Tüte über Mund und Nase, weil durch Totraumvergrößerung die CO_2-Rückatmung erhöht wird.

63 (A): Bei welcher Störung des Säure-Basen-Haushalts ist künstliche Beatmung angezeigt?

A Angstzustände
B Überdosierung von Natrium-Bicarbonat
C Lungenödem
D Chronische Niereninsuffizienz
E Coma diabeticum

8 Bildung und Erhaltung von Zell- und Organstrukturen

Prüfungsfragen

Chromatin

Struktur und Organisation von Chromatin

1 (A): Welche Basen sind stereochemisch komplementär?

    A Adenin - Guanin
    B Guanin - Cytosin
    C Uracil - Cytosin
    D Cytosin - Adenin
    E Uracil - Guanin

2 (A): Wieviel % des Genoms ist extrachromosomal?

    A <1%   D etwa 20%
    B etwa 5%   E >20%
    C etwa 10%

3 (D): Welche Komponenten sind Bestandteile von Chromatin?

    1 DNA(DNS)   3 Histone
    2 RNA(RNS)   4 Saure Proteine

4 (A): Wieviel cm DNA(DNS) enthält eine diploide Säugerzelle?

    A 0,2   D 200
    B 1   E 1000
    C 50

5 (D): Welche DNA(DNS) gehört in die mittlere Häufigkeitsklasse?

    1 Satelliten-DNA
    2 DNA der Histon-Gene
    3 DNA der Hämoglobin-Gene
    4 DNA der rRNA-Gene

6 (C): Im Heterochromatin sind die Gene stumm, weil sie dort nur als DNA-Einzelstrang vorliegen.

7 (A): Welche der folgenden Aussagen ist richtig?
Ein Nucleosom

    A ist identisch mit dem Begriff Nucleolus
    B ist eine Untereinheit der Kernmatrix
    C ist ein DNA-Histonkomplex
    D besitzt 20-30 nm Durchmesser
    E enthält Histonprotein H1

Replikation des Genoms

8 (A): Bringen Sie die an der DNA-Replikation beteiligten (gegenwärtige Auffassung) Enzyme bzw. Proteine in die richtige Reihenfolge.

    A 1 2 3 4 5   D 2 4 3 5 1
    B 1 3 5 4 2   E 2 4 3 1 5
    C 2 4 1 5 3

    1 (DNA)-RNA-Hydrolase (RNase H)
    2 Endonuclease
    3 DNA-Polymerase α
    4 RNA-Polymerase
    5 Polynucleotid-Ligase

9 (D): Das "Zentrale Dogma" der Molekularen Biologie besagt: Der Informationsfluß von

    1 DNA → RNA ist irreversibel
    2 RNA → Protein ist irreversibel
    3 RNA → RNA ist irreversibel
    4 Protein → Protein ist unmöglich

10 (D): Welche Verbindungen hemmen direkt oder indirekt die Replikation?

    1 Oligomycin
    2 Antimycin
    3 Rifamycin (Rifampicin)
    4 Distamycin

11 (D): Welche Aussagen über die DNA-Replikation sind richtig?

    1 Als Substrate werden benötigt dATP, dGTP, dUTP und dCTP
    2 Der Prozeß ist semikonservativ
    3 ADP ist die Austrittsgruppe der Polynucleotid-Ligase Reaktion
    4 PP_a ist die Austrittsgruppe der DNA-Polymerase Reaktion

12 (A): Geben Sie die richtige Reihenfolge der einzelnen Phasen des Zellcyclus an.

    A S G1 G2 M   D S G2 G1 M
    B G1 S G2 M   E G2 S G1 M
    C G1 G2 S M

13 (D): In welchen Zellen des ausdifferenzierten Organismus spielt die Genom-Replikation eine wichtige Rolle?

    1 Leukocyten   3 Hepatocyten
    2 Lymphocyten   4 Enterocyten

14 (A): Wieviel Erythrocyten werden beim Menschen täglich neu gebildet?

    A 20×10^6 D 200×10^9
    B 200×10^6 E 2×10^{12}
    C 20×10^9

15 D): Welche Chromatin-Komponenten werden nicht in der S-Phase des Zellcyclus dupliziert?

    1 Histonproteine
    2 Nicht-Histonproteine
    3 RNA(RNS)
    4 Centromer-DNA(-DNS)

16 (D): Welche Aussagen sind richtig?

    1 Die DNA-Synthesegeschwindigkeit pro Einzelschritt ist in Säugern 15mal langsamer als in Bakterien
    2 Die Gesamtsynthesegeschwindigkeit der DNA ist in Säugern 100mal schneller als in Bakterien
    3 Die Gesamtsynthesegeschwindigkeit der DNA ist abhängig von der Zahl der Initiationspunkte
    4 Die Zahl der Initiationspunkte pro Säuger-DNA ist konstant

17 (C): Während der Embryogenese scheint die S-Phase des Zellcyclus deutlich verkürzt zu sein, weil die Zahl der Initiationspunkte entsprechend erhöht ist.

DNA-Reparatur

18 (D): Welche Enzyme sind am Exicisionsreparatursystem der DNA beteiligt?

    1 Exonuclease   3 DNA-Polymerase
    2 Endonuclease   4 RNase H

19 (A): Wählen Sie die am Excisionsreparatursystem der DNA beteiligten Enzyme aus und bringen Sie sie in die richtige Reihenfolge.

1 Exonuclease
2 Endonuclease
3 RNase H
4 DNA-Polymerase
5 RNA-Polymerase
6 Polynucleotid-Ligase

A 1 2 4 6   D 2 1 4 6
B 1 5 4 3   E 2 4 6 1
C 2 5 4 3

DNA-Transfer

20 (A): Die Übertragung genetischer Information von einer Zelle auf eine andere mit Hilfe eines Phagen bezeichnet man als

A Transformation   D Transduktion
B Transmission   E Translation
C Transcription

21-23 (B): In der Skizze sind drei Arten des asexuellen DNA(DNS)-Transfers bei Bakterienzellen durch Pfeile angedeutet. Wie werden die Prozesse bezeichnet?

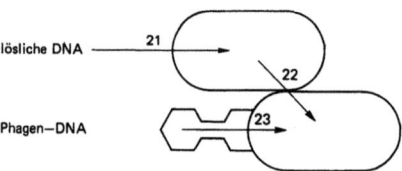

A Transition   D Konformation
B Transduktion   E Konjugation
C Transformation

Gen-Expression I: Transcription

24 (D): Welche Komponenten gehören zum DNA-Transcriptase System?

1 Start-Faktor
2 Polynucleotid-Ligase
3 DNA-abhängige RNA-Polymerase
4 RNA-abhängige DNA-Polymerase

25 (D): Bei welchen Prozessen scheint in vivo intermediär ein RNA-DNA Hybrid zu entstehen?
1 DNA-Replikation
2 DNA-Transcription
3 Reverse Transcription
4 Abbau von RNA

26 (A): Wieviel Tripletts können theoretisch aus 4 verschiedenen Basen zusammengestellt werden?

A 12   D 64
B 16   E 81
C 36

27 (E,D): In der Skizze der Transcription sind Fehler.

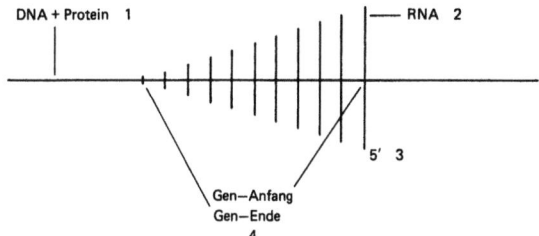

28 (D): Welche der aufgeführten Enzyme benötigen einen makromolekularen Starter (Primer)?
1 DNA-Polymerase III
2 RNA-Polymerasen
3 DNA-Polymerase I
4 Glykogen-Phosphorylase

29 (C): Zur Bildung von mRNA muß das primäre Transcriptionsprodukt vieler Gene durch Ausschneiden und Wiederverknüpfung von Teilstücken modifiziert werden, weil bei vielen Genen die DNA-Sequenz durch DNA-Abschnitte unterbrochen ist, die für RNA-Abschnitte codieren, die nicht in der mRNA vorkommen.

Gen-Expression II: Translation

30 (D): Bei welchen Prozessen scheint in vivo intermediär ein RNA-DNA Hybrid zu entstehen?

1 DNA-Replikation
2 DNA-Reparatur
3 DNA-Transcription
4 RNA-Translation

31 (C): Chloramphenicol kann therapeutisch als Antibioticum verwendet werden, weil es nur die Proteinsynthese in Bakterien hemmt.

32 (D): Für welche der angegebenen Prozesse sind "stereochemische Komplementarität der Nucleotidbasen" und eine Nucleinsäure als "Matrize" Grundlage des biochemischen Ablaufs?

1 Replikation   3 DNA-Reparatur
2 Transcription 4 Translation

33-37 (B): Ordnen Sie den angegebenen Begriffen die aufgeführten Prozesse zu.

33 RNA-Matrize
34 Starter (Primer-) RNA
35 S- bzw. Sigma-Faktor
36 semikonservativ
37 Initiations-Faktor

A Transcription
B Reverse Transcription
C Replikation
D Relegation
E Translation

38 (D): Welche Aussagen sind richtig?

1 DNA wird semikonservativ transcribiert
2 Nucleinsäuren-Synthesen erfolgen vom 3' zum 5' Ende
3 Proteine werden vom C-terminalen Ende beginnend biosynthetisiert
4 GTP ist eine essentielle Komponente des Translationssystems

39 (A): Für welche der in Proteinen vorkommenden Aminosäuren gibt es kein Codon?

A Alanin   D Lysin
B Prolin   E Hydroxyprolin
C Serin

40 (A): Wenn ein Goldfisch trainiert ist, auf ein Signal hin in bestimmter Weise zu reagieren und kurz danach Puromycin unter die Schädeldecke injiziert wird, zeigt der Goldfisch nach erneutem Signal nicht mehr die antrainierte Reaktionsweise. Welche Hinweise enthält das Experiment?

    A "Gedächtnis" könnte auf immer erneute Proteinsynthese angewiesen sein
    B "Gedächtnis" sollte an DNA-Synthese gebunden sein
    C "Gedächtnis" benötigt DNA-RNA Hybride
    D "Gedächtnis" ist abhängig von reverser Transcription
    E Goldfische sind dumm

41 (A): Die Antibiotica Streptomycin und Tetracyclin wirken hauptsächlich durch Hemmung der

    A Transcription bei Eukaryonten
    B Translation bei Eukaryonten
    C Replikation bei Prokaryonten
    D Transcription bei Prokaryonten
    E Translation bei Prokaryonten

42 (D): Welche Proteine werden an cytoplasmatischen Polysomen synthetisiert?

    1 Albumin   3 Amylase
    2 Hämoglobin   4 Lactat-Dehydrogenase

43 (D): Welche der aufgeführten mitochondrialen Proteine sind ausschließlich Gen-Produkte der nucleären DNA?

    1 Malat-Dehydrogenase
    2 Proteine der mitochondrialen Ribosomen
    3 Cytochrom c
    4 Cytochrom-Oxidase-Untereinheiten

44 (E,D): In der folgenden Skizze zur Initiation der Proteinsynthese in Eukaryonten sind Fehler. (Met = Methionin, mRNA und tRNA sind mit Symbolen für Codonen und Anticodonen dargestellt).

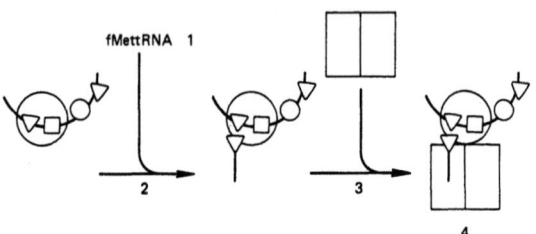

45 (E,A): In der folgenden Skizze zur Elongation der Proteinsynthese in Eukaryonten ist ein Fehler. (AS = Aminosäuren, Met = Methionin, mRNA und tRNA sind mit Symbolen für Codonen und Anticodonen dargestellt).

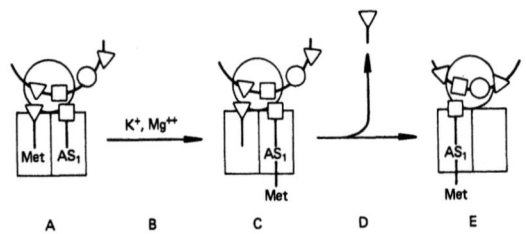

46 (D): Welche Komponenten können die Gen-Produkte mitochondrialer DNA sein?

1 mitochondriale Ribosomenproteine
2 mitochondriale tRNA
3 mitochondriale rRNA
4 mitochondriale mRNA

47 (D): Welche Peptide werden mRNA-abhängig gebildet?

1 Antidiuretin 3 Angiotensin
2 Ocytocin   4 Glutathion

Regulation der Gen-Expression

48 (D): Welche Gene codieren nicht für Proteine?

1 Regulator-Gen 3 Struktur-Gen
2 Operator-Gen 4 Promotor-Gen

49 (D): Das grundlegende Prinzip des Regulations-modell der Transcription (Operon bei Prokaryonten) ist "negative Kontrolle". Welche der folgenden Aussagen sind richtig? Negative Kontrolle

1 erfolgt durch Bindung eines Co-Repressors an ein Promotor-Gen
2 erfolgt durch Bindung eines Repressors an ein Operator-Gen
3 wird nur bei der Transcription von Enzymen anaboler, nicht aber kataboler Stoffwechselwege gefunden
4 wird durch ein Induktormolekül aufgehoben

50 (C): Die Matrizenaktivität von Chromatin ist größer als die von freier DNA, weil letzterer die funktionell wichtigen Nicht-Histon-Proteine fehlen.

51 (C): Histone und Nicht-Histone können an der Regulation der Genaktivität beteiligt sein, weil DNA in ihrer Gegenwart langsamer transcribiert wird.

52 (D): Welche Aussagen sind richtig?

1 Die Geschwindigkeit des Einzelschritts der Transcription ist konstant
2 Die Zahl der Genkopien kann kurzfristig in bestimmten Entwicklungsphasen erhöht werden
3 Die Gesamtgeschwindigkeit der Transcription eines Gens ist abhängig von der Zahl der Genkopien
4 Die Zahl der Starts (Ribosomendurchläufe) einer mRNA ist konstant

53 (D): Von welchen Faktoren ist die Geschwindigkeit der Transcription eines Gens normalerweise abhängig?

1 Konzentration der Nucleosidtriphosphate
2 Konzentration der RNA-Polymerase
3 S- bzw. Sigma-Faktor
4 Zahl der Genkopien im Genom

54 (A): In welcher Größenordnung liegt die Halblebenszeit der mRNA in Säugetierzellen?

    A 1- 5 min   D 2- 6 h
    B 2-20 min   E 4-400 h
    C 20-120 min

55 (C): In Bakterien kann die Translation über die Transcription gesteuert werden, weil die Halblebenszeit der mRNA sehr kurz ist.

56 (D): Von welchen Faktoren ist die Geschwindigkeit der Translation normalerweise abhängig?

1. Aminosäuren
2. Aminoacyl-tRNA-Synthetasen
3. Ribosomen-Peptidyltransferase
4. mRNA

57 (D): Welche Aussagen sind richtig?

1. Unter Catabolitrepression versteht man die Verhinderung des Abbaus eines Cataboliten, z.B. Lactose, durch einen anderen, z.B. Glucose
2. In Gegenwart von Glucose kann Lactose die Blockierung seines Operatorgens durch den Lactose-Repressor nicht aufheben
3. Der Komplex aus Catabolitgen-Aktivator-Protein und cAMP ermöglicht die Bindung von RNA-Polymerase an das Promotorgen und damit die Transcription
4. In Gegenwart von Glucose ist cAMP erhöht

58 (D): Welche Aussagen sind richtig?

1. Ein Protorepressor ist allein aktiv und verhindert die Ablesung der Strukturgene durch die RNA-Polymerase
2. Ein Induktor ist ein Protein, das durch Anlagerung an das Promotorgen die Ablesung der Strukturgene ermöglicht
3. Ein Auxorepressor bindet zusammen mit einem Corepressor an das Operatorgen
4. Protorepressoren sind an Repressionsvorgängen (Anabolismus) und Auxorepressoren an Induktionsvorgängen (Catabolismus) beteiligt

Membranen

Struktur von Membranen

59 (D): Welche Aussagen über Biomembranen sind richtig?

1 Die Kohlenhydrate der Glykolipide und Glykoproteine sind immer nach außen gerichtet
2 Der Cholesterol-Gehalt ist wichtig für die Fluidität der Membran
3 Membranen sind in bezug auf ihre Proteinkomponenten asymmetrisch
4 Die Transportproteine können sich lateral und vertikal durch die Membran bewegen

60 (D): Welche Membranen weisen ein Protein-Lipid-Verhältnis von mehr als 3 auf?

1 Intestinale Mikrovilli
2 Endoplasmatisches Reticulum
3 Innere Mitochondrien-Membran
4 Äußere Mitochondrien-Membran

61 (D): Welche Aussagen über Biomembranen sind richtig?

1 Alle Membrankomponenten werden durch nicht-covalente Bindungen zusammengehalten
2 Alle integrierten Proteine können in der Membran lateral diffundieren
3 Viele integrierte Proteine können um eine Achse senkrecht zur Membranebene rotieren
4 Viele integrierte Proteine können umklappen (flip-flop) und das jeweils andere Ende an der Außenseite der Membran exponieren

62 (D): Welche Faktoren erhöhen die Fluidität der Membran?

1 Ungesättigte Fettsäuren
2 Cholesterol
3 Steigende Temperaturen
4 Protein

63 (A): Welche Membran ist praktisch frei von Cholesterol?

    A   Erythrocytenmembran
    B   Myelin
    C   Plasmamembran
    D   Äußere Mitochondrienmembran
    E   Innere Mitochondrienmembran

64 (D): Welche Membranen enthalten Cardiolipin?

    1   Kernmembran
    2   Endoplasmatisches Reticulum
    3   Äußere Mitochondrienmembran
    4   Innere Mitochondrienmembran

Bildung und Abbau von Membranen

65 (D): Bei der Synthese welcher Membrankomponenten hat das glatte endoplasmatische Reticulum eine wichtige Rolle?

    1   Glykolipide   3   Glykoproteine
    2   Phospholipide   4   Proteine

66 (C): Der Golgiapparat ist für die Membranbiogenese essentiell, weil er die zur Fusion mit der Plasmamembran befähigten und Membrankomponenten tragenden Vesikel produziert.

67 (D): Welche Membrankomponenten können aus intra- oder extracellulären Lipoproteinen stammen?

    1   Glykoproteine   3   Glykolipide
    2   Phospholipide   4   Cholesterol

68 (C): Der Golgi-Apparat ist für den Membranabbau essentiell, weil er die durch Abschnürung aus der Membran entstandenen Vesikel zum weiteren Abbau in die Lysosomen integriert.

69 (D): Welche Komponenten könnten beim Membranturnover an Lipoproteine abgegeben werden?

    1   Cholesterol   3   Lecithin
    2   Cerebrosid   4   Glykoprotein

Synthese und Abbau einzelner Membrankomponenten

70 (A): Suchen Sie die an der Struktur und dem Einbau von Membranglykoproteinen beteiligten Strukturen aus und bringen Sie sie in die richtige Reihenfolge.

    1   Glattes endoplasmatisches Reticulum

2	Rauhes endoplasmatisches Reticulum		
3	Cytosolische Ribosomen		
4	Golgi-Apparat		
5	Lysosomen		

A 3 1 4   D 2 4 5
B 3 1 5   E 2 1 4
C 2 3 1

71 (D): Welche Verbindungen sind Zwischenprodukte bei der Lecithin-Biosynthese?

1 Cholin-Phosphat   3 CDP-Cholin
2 Diacylglycerol   4 CMP-Diglycerid

72 (D): Ein Vitamin B_6-Mangel führt bei der Biosynthese von Membranbestandteilen zu Störungen der Bildung von

1 Colamin aus Serin
2 Diglyceriden aus Phosphatidsäure
3 Dihydrosphingosin aus Palmityl-CoA und Serin
4 Sphingosin aus Dihydrosphingosin

73 (D): Welche spezifischen Glykosyl-Transferasen besitzen Träger der Blutgruppe AB?

1 UDP-N-Acetyl-Galaktosamin-Transferase
2 UDP-Glucose-Transferase
3 UDP-Galaktose-Transferase
4 UDP-N-Acetyl-Glucosamin-Transferase

74 (A): Welches ist das letzte gemeinsame Zwischenprodukt der Synthese von Phosphatidyl-Inositol, Cardiolipin und Lecithin?

A Phosphatidsäure   D Glycerolphosphat
B Diglycerid   E CMP-Diglycerid
C CDP-Digylcerid

75 (A): Welche Aminosäure ist Substrat der Spingosin-Synthese?

A Alanin   D Serin
B Glycin   E Cystein
C Threonin

76 (D): Welche Membrankomponenten werden ausgehend von Ceramid synthetisiert?

1 Sphingomyelin   3 Ganglioside
2 Cerebroside   4 Cardiolipin

77 (C): Lysosomen sind für den Membranabbau essentiell, weil sie die abbauenden Phosphatidasen und Glykohydrolasen enthalten.

Funktion von Membranen

78 (D): Welche Stoffwechselprozesse sind im Cytosol lokalisiert?

1 Protein-Synthese
2 Triglycerid-Synthese
3 Glykogenolyse
4 Citrat-Cyclus

79 (D): Welche Stoffwechselwege sind zumindest teilweise in Mitochondrien lokalisiert?

1 Gluconeogenese
2 Ureagenese
3 ß-Oxidation von Fettsäuren
4 Glykolyse

80 (D): Welche Stoffwechselprozesse sind am glatten endoplasmatischen Reticulum lokalisiert?

1 Fettsäure-Synthese
2 Triglycerid-Synthese
3 Membran-Protein-Synthese
4 Phospholipid-Synthese

81 (C): Eine Fusion von Membranen ist möglich, weil die hydrophoben Wechselwirkungen sehr spezifisch sind.

82 (C): Bei katalysierten Transportprozessen steigt die Geschwindigkeit linear mit der Konzentrationsdifferenz "innen-außen", weil es sich immer um Reaktionen 1. Ordnung handelt.

83 (D): Welche Transportprozesse werden durch elektrochemische Gradienten getrieben?

1 Glucose-Aufnahme in Erythrocyten
2 Glucose-Aufnahme in Enterocyten
3 Sauerstoff-Aufnahme in Hepatocyten
4 ADP-Aufnahme in die Mitochondrien

84 (D): Welche Eigenschaften haben nicht-katalysierte Transportprozesse?

1 Spezifität
2 Hemmbarkeit
3 Genetische Determination
4 Reaktion erster Ordnung

85 (D): Welche Transportprozesse werden durch Antiportsysteme katalysiert?

1 Glucose-Aufnahme in Nephrocyten
2 ATP-Abgabe von Mitochondrien ans Cytosol
3 Fettsäuren-Resorption in Enterocyten
4 Kalium-Aufnahme in tierische Zellen

86 (D): Welche Aussagen sind richtig?

1 Aktiver Transport erfolgt gegen einen Konzentrationsgradienten
2 Passiver Transport ist im Prinzip bi-direktional
3 Sekundärer Transport erfolgt nicht in direkter Kopplung an die energieliefernde chemische Reaktion
4 Primärer Transport ist nur in Antiport-Systemen möglich

87 (C): Die Natrium/Kalium-ATPase ist electrogen, weil sie 2 Natrium nach außen und 3 Kalium nach innen transportiert.

88 (C): ADP kann aus dem Cytosol gegen einen Konzentrationsgradienten in die Mitochondrien transportiert werden, weil seine Translokation an den Transport von ATP mit einem Konzentrationsgradienten gekoppelt ist.

89 (D): Welche Membranbestandteile fungieren wahrscheinlich als Receptoren für Hormone oder Neurotransmitter?

1 Proteine   3 Glykoproteine
2 Phospholipide   4 Glykolipide

90 (D): Bei welchen Hormonen hat die Plasmamembran eine Rolle bei der Signalverarbeitung?

1 Insulin   3 Glucagon
2 Adrenalin   4 Glucocorticoide

91 (D): Welche Membrankomponenten haben eine essentielle Funktion bei der Zell-Zell-Erkennung?

1 Proteine   3 Phospholipide
2 Glykoproteine 4 Glykolipide

Cytoskelet

Struktur cytoplasmatischer Fasern

92 (A): Welche Strukturen zählen nicht zu den Hauptkomponenten des Cytoskelets?

A Actinfilamente
B Actomyosin-Systeme
C Mikrotubuli
D Tonofilamente
E Intermediäre Filamente

93 (D): Welche Aussagen über cytoplasmatische Actinfilamente (= Mikrofilamente) sind richtig? Sie sind ...

1 für kontraktile Prozesse von Bedeutung
2 kovalent quervernetzt
3 in Desmosomen verankert
4 aus Protein-Untereinheiten aufgebaut

94-97 (B): Ordnen Sie den aufgeführten Faserstrukturen die jeweils passende Strukturkomponente zu.

94 Mikrotubuli
95 Kollagen
96 Elastin
97 Mikrofilamente

A G-Actin   D Hydroxprolin
B Tubulin   E Desmosin
C Troponin

Funktion cytoplasmatischer Fasern

98-101 (B): Ordnen Sie den Faserstrukturen eine jeweils charakteristische Funktion zu.

98 Tonofilamente
99 Kollagen
100 Mikrotubuli
101 Fibrin

A   Starre extracelluläre Haltefunktion
B   Trennung der Chromosomen in der Mitose
C   Erhaltung der Reißfestigkeit eines Gewebes
D   Bildung von Nexus-Kanälen
E   Zellverbindung in einer Zonula occludens

Cytosole

Struktur und Funktion von Cytosolen

102 (C): Eine Eukaryonten-Zelle enthält mehrere Cytosole, weil die Zelle mehrere durch Membranen getrennte Kompartimente enthält.

103 (D): Welche der folgenden Aussagen sind falsch?
1. Ein Cytosol ist der lösliche Teil eines von einer Membran umschlossenen Raums der Zelle
2. Das Cytoplasma-Sol stellt eine sehr konzentrierte Proteinlösung dar
3. Das Cytoplasma-Sol enthält die löslichen Bausteine von cytoplasmatischen Organellen und Supermakromolekülen
4. Das Cytoplasma-Sol enthält Kollagen-Fasern

104 (D): Das Cytoplasma-Sol
1. dient als dreidimensionales Lösungsmittel für Umsetzungen hydrophiler Substrate
2. ist das Kompartiment der Fettsäuresynthese
3. dient als Reservoir für G-Actin
4. enthält Steroidhormon-Receptoren

Synthese und Abbau von Cytosolbestandteilen

105 (E,D): Welche Angaben über die Herkunft des Stickstoffs im Adenin sind falsch?

4 Glutamat → NH_2 — Glycin 3
1 Aspartat → N
N — Glutamin 2
H

106 (D): Bei der Biosynthese von Guanosinmonophosphat aus Phosphoribosylamin ist Zwischenprodukt
1. Inosinmonophosphat
2. Adenosinmonophosphat
3. Xanthosinmonophosphat
4. Phosphoribosylpyrophosphat

107 (D): Welche Substrate werden für die Synthese von Pyrimidinnucleotiden nicht benötigt?

1 Bicarbonat
2 Glycin
3 Aspartat
4 Glutamat

108 (A): Welches Protein ist essentiell für die Synthese von Desoxyribonucleotiden?

A Ferredoxin
B Flavodoxin
C Rubredoxin
D Thioredoxin
E Adrenodoxin

109 (D): Welche Aussagen sind richtig?

1 NADPH dient als Reduktionsmittel für die Synthese von Desoxyribonucleotiden
2 Die 5'-Methylgruppe in Thymin stammt aus Methylentetrahydrofolat
3 80% der beim Abbau von Nucleotiden anfallenden Purinbasen werden zur Synthese wiederverwertet
4 Schlüsselenzyme für die Regulation der Pyrimidinnucleotid-Synthese ist die mitochondriale Carbamylphosphat-Synthetase

110 (D): Geben Sie Zwischen- bzw. Endprodukte des Abbaus von Pyrimidinnucleotiden an.

1 Urat
2 ß-Alanin
3 Propionat
4 Ammoniak

111 (D): Welche Aussagen sind richtig?

1 Die Neusynthese von Purinnucleotiden wird durch Hemmung der Phosphoribosylpyrophosphat-Amidotransferase mit AMP und GMP reguliert
2 Bei den Pyrimidinnucleotiden wird der heterocyclische Ring an 5-Phosphoribose als Träger synthetisiert
3 Tetrahydrofolat ist essentiell für die Synthese von Adenin, Guanin und Thymin
4 Die Reduktion von Ribonucleotiden zu Desoxyribonucleotiden erfolgt auf der Stufe der Monophosphate

112 (A): Bei welcher ATP-abhängigen Coenzymsynthese wird nicht ein AMP-Rest auf ein Vitamin oder ein Vitaminderivat übertragen?

A Coenzym A
B Coenzym B_{12}
C NAD
D NADP
E FAD

113-115 (B): Geben Sie für die aufgeführten Vitamine an, welchen biochemischen Funktionen ihre aktive Form dient.

113 Thiamin
114 Pantothensäure
115 Pyridoxin

A Aldehydgruppen-Transfer
B Carboxylierung
C C1-Gruppen-Transfer
D Aminogruppen-Transfer
E Acylgruppen-Transfer

116-118 (B): Geben Sie für die aufgeführten Coenzyme das zugehörige Vitamin an.

116 FAD
117 Coenzym A
118 Coenzym B_{12}

A Biotin
B Pantothenat
C Thiamin
D Cobalamin
E Riboflavin

Intercellularsubstanz

Struktur und Funktion von Intercellularsubstanz

119-123 (B): Geben Sie für die angegebenen Bausteine das zugehörige Strukturelement an.

119 Hydroxyprolin
120 Neuraminsäure
121 dAMP
122 Cholesterol
123 Cholin

A Membran-Lipide
B Membran-Glykoproteine
C Membran-Phospholipide
D Faser-Kollagen
E Chromosomen-DNA

124 (A): Kollagen ist ein

A Phospholipid
B Mucopolysaccharid
C Glykolipid
D Glykoprotein
E Proteoglykan

125 (D): Geben Sie die Komponenten der Basalmembran von Kapillaren an.

1 Phospholipide
2 Proteoglykane
3 Glykolipide
4 Glykoproteine

126 (A): Welches Protein hat die größte Häufigkeit im Menschen?

    A Hämoglobin   D Cytochrom-Oxidase
    B Actomyosin   E Lactat-Dehydrogenase
    C Kollagen

127 (D): Welche Aussagen über die Kollagenstruktur sind richtig?

1. Ein Kollagenmolekül besteht aus 3 Polypeptidketten
2. Jede Polypeptidkette ist etwa 2000 Aminosäuren lang
3. Jede dritte Aminosäure ist ein Glycin
4. Jede Polypeptidkette bildet eine α-Helix-Struktur aus

128 (D): Welchen Funktionen dient Kollagen?

1. Kraftübertragung
2. Mechanische Stützung
3. Reißfestigkeit
4. Mineralspeicher

129 (D): In welchen Geweben sind die Kollagenfibrillen zu straffen Faserbündeln und nicht zu einem Netzwerk organisiert?

1. Glaskörper des Auges
2. Sehnen
3. Herzklappen
4. Knochen

130 (D): Welche Aussagen über die Proteoglykan-Struktur sind richtig?

1. Der Kohlenhydratanteil überwiegt bei weitem den Proteinteil
2. Verzweigte Polysaccharidketten sind kovalent an ein Protein gebunden
3. Die Polysaccharidketten bestehen aus Disaccharid-Einheiten
4. Wegen des Überwiegens positiver Ladung sind die Makromoleküle Polykationen

131 (C): Proteoglykane fungieren als Speicher für Natrium, Kalium, Calcium und andere Kationen, weil sie Polyanionen sind.

Synthese und Abbau von Intercellularsubstanz

132 (D): Bei welchen Biosynthesen sind Cytosinnucleotide nötig? Synthese von

1 Lecithin 3 Ganglioside
2 RNA 4 Kollagen

133 (D): Welche Vitamine werden für die Synthese von Kollagen benötigt?

1 Vitamin A (Retinol)
2 Vitamin B_6 (Pyridoxol)
3 Vitamin B_{12} (Cobalamin)
4 Vitamin C (Ascorbat)

134 (D): Welche Aussagen zur Kollagensynthese sind richtig?

1 Zunächst wird ein Prokollagen-Vorläufer-Polypeptid mRNA-abhängig synthetisiert
2 Hydroxyprolin und Hydroxylysin entstehen mRNA-unabhängig durch nachträgliche Modifikation des Prokollagen-Vorläufer-Polypeptids
3 Hydroxylysinreste werden glykosyliert
4 Die drei Helices des Kollagen werden nach Oxidation einiger endständiger Lysin-Aminogruppen zum Aldehyd durch Schiff'sche Basenbildung mit mittelständigen Lysin-Aminogruppen generell kovalent verknüpft

135 (D): Welche Verbindungen sind Substrate für die Synthese von Hyaluronsäure?

1 UDP-N-Acetyl-Glucosamin
2 UDP-N-Acetyl-Galaktosamin
3 Acceptor-Protein
4 Phosphoadenosinphosphosulfat

136 (A): Welcher Teilschritt der Mineralisierung des Knorpels zum Knochen ist falsch beschrieben?

A Abbau von Proteoglykanen (PG)
B Freisetzung von PG-gebundenem Calcium
C Aktivierung von Kollagen durch ATP-abhängige Übertragung einer Phosphatgruppe auf eine Lysin-Aminogruppe
D Anlagerung von Calcium an die Phosphatgruppe zum Kristallisationskeim
E Weitere Anlagerung von Calciumphosphat an den Kristallisationskeim

137 (C): Der Abbau von Kollagen beginnt extracellulär, weil Bindegewebszellen Kollagenase sezernieren können.

138 (D): Für den Abbau von Glykosaminoglykanen (Mucopolysacchariden) benötigt man

    1 Glucuronidase
    2 N-Acetylhexosaminidase
    3 Sulfatase
    4 Phospholipase

139 (C): Der Abbau von Proteoglykanen erfolgt nach Endocytose in Lysosomen, weil nur dort die erforderlichen Endo- und Exoglykosidasen vorhanden sind.

Neoplasien

140 (A): Welche exogenen Faktoren spielen bei der Entstehung des Lippenkrebses eine Rolle?

    A Lippenbeißen
    B Gewürzte Speisen
    C Ultraviolette Strahlen
    D Zigarettenrauch
    E Kautabak

141 (A): Bei welchen Erkrankungen ist ein Zusammenhang zwischen Krebs und mangelhafter Reparatur geschädigter DNA erwiesen?

    A Akne vulgaris
    B Xeroderma pigmentosum
    C Lebercirrhose
    D Basalzellencarcinom
    E Keine der genannten

142 (A): Ein "Markerchromosom" tritt bei welcher Krebserkrankung mit Regelmäßigkeit auf?

    A Chronische myeloische Leukämie
    B Mammacarcinom
    C Magencarcinom
    D Lippencarcinom
    E Basalzellcarcinom

143 (C): Eine einmal entstandene Krebszelle führt zu klinisch manifestem Krebs, weil sie vom Immunsystem nicht als Fremdling erkannt und abgestoßen werden kann.

144 (D): In Tumoren ist

    1 die Gesamtzeit des Zellcyclus in der Regel vermindert
    2 die Zeit der G1-Phase in der Regel verlängert
    3 die Zeit der S-Phase in der Regel nahezu konstant

4 die Zeit der G2-Phase in der Regel
vermindert

145 (D): Was kennzeichnet eine präcanceröse Zelle?

1 Kernpolymorphie
2 Aneuploidie
3 Hyperchromasie
4 Eingipfelige DNA-Verteilung

146 (A): Welche der Aussagen ist falsch? Charakteristisch für die Transformation animaler Zellen in der Zellkultur durch Tumorviren ist

A Mehrschichtiges Wachstum und Bildung von Zellhaufen
B Verlust des diploiden Chromosomensatzes
C Degeneration und Absterben der Zellen
D Veränderte Oberflächeneigenschaften
E Immortalisation

147 D): Welche Merkmale besitzt die Gen-Expression von RNA-Tumorviren?

1 Reverse Transcription zu circulärer Doppelstrang-DNA
2 Integration in das Zellgenom
3 Weitergabe des integrierten Genoms an Tochterzellen
4 Ständige Expression des gesamten integrierten Genoms

148 (D): Welche Teilreaktionen werden von der reversen Transcriptase katalysiert?

1 RNA-abhängige DNA-Synthese
2 DNA-abhängige DNA-Synthese
3 RNA-Hydrolyse aus RNA-DNA-Hybriden
4 DNA-abhängige RNA-Synthese

149 (D): Welche Proteine werden vom Genom der RNA-Tumorviren codiert?

1 Hüllproteine
2 Transformierende Proteine
3 Reverse Transcriptase
4 RNA-Polymerase

150 (D): Welche Aussagen über die Onco-Gen Theorie sind richtig? Onco-Gene ...

1 sind in allen Zellen, auch in Keimzellen, von Anfang an vorhanden
2 codieren für transformierende Viren
3 können durch Strahlung oder Chemikalien (Umwelt) dereprimiert werden
4 sind maligne RNA-DNA Hybride

151 (D): Welche Verbindungen hemmen direkt oder indirekt die Replikation?

1 Mitomycin   3 5-Fluoruracil
2 Aminopterin   4 Puromycin

152 (C): Mercaptopurin kann therapeutisch bei Tumoren (Leukämie) verwendet werden, weil es spezifisch die Synthese von Pyrimidinnucleotiden und damit die DNA-Synthese hemmt.

153 (C): Mercaptopurin ist ein spezifischer Hemmstoff der DNA-Synthese, weil es die Umwandlung von ADP in dADP hemmt.

<u>Lysosomale Krankheiten</u>

154-155 (B): Ordnen Sie den aufgeführten Begriffen den zutreffenden Abbauprozeß zu.

154 Autophagie
155 Heterophagie

A Autolyse
B Extracellulärer Abbau durch lysosomale Enzyme nach Exocytose
C Abbau von intracellulärem Material in Lysosomen
D Intracellulärer, lysosomaler Abbau von extracellulärem Material nach Endocytose
E Abbau von Phagen

156 (A): Welche der folgenden Aussagen über Lysosomen ist falsch?

A In Lysosomen können extracelluläre Moleküle z.B. Mucopolysaccharide abgebaut werden.
B In Lysosomen können intracelluläre niedermolekulare Moleküle z.B. Fructose abgebaut werden.
C Die lysosomalen Enzyme werden am rauhen endoplasmatischen Reticulum synthetisiert

             D Lysosomale Enzyme werden unter physio-
                logischen Bedingungen von bestimmten
                Zellen durch Exocytose freigesetzt
             E Bei Gicht können in Lysosomen Urat-
                kristalle auftreten

157 (D):   Geben Sie die lysosomalen Krankheiten an.

             1 Gicht
             2 Niemann-Pick-Syndrom
             3 Rheumatische Arthritis
             4 Mucopolysaccharidosen

158 (D):   Zu den lysosomalen Krankheiten zählen

             1 Atrophie eines Organs
             2 Angeborene Defekte der Lysosomenmembran
             3 Angeborene Defekte von Enzymen des Glu-
                coseabbaus
             4 Angeborene Defekte von lysosomalen En-
                zymen

159 (C):   Bei einer auf einem Enzymdefekt beruhenden
             lysosomalen Krankheit ist das gespeicherte
             Material in einer Zelle homogen, weil die
             meisten lysosomalen Enzyme für einen Mole-
             kültyp und nicht für eine bestimmte Bin-
             dung spezifisch sind.

160 (C):   Bei den lysosomalen Krankheiten kommt es
             zur Anhäufung von bestimmten Substanzen
             in Lysosomen, weil die Aktivität eines
             lysosomalen Enzyms, das für den Abbau der
             Substanzen benötigt wird, gehemmt ist.

161 (C):   Bei lysosomalen Krankheiten treten häufig
             Organvergrößerungen auf, weil das Gewebe
             durch das abgelagerte Material in den
             Lysosomen ausgedehnt wird.

Gicht

162 (D):   Welche Aussagen über Gicht sind richtig?

             1 Gicht tritt in einer Wohlstandsgesell-
                schaft häufiger auf als in Hungerzeiten
             2 Harnsäurebilanz ist negativ
             3 Beruht auf Hyperuricämie
             4 Bluthochdruck gilt als Risikofaktor

163 (D): Welche der angegebenen Stoffe werden bei der Behandlung von Gicht verwendet?

    1 Colchicin   3 Allopurinol
    2 Uricosurica   4 Xanthin-Oxidase

164 (D): Bei welchen angeborenen Defekten kann es zu einer Hyperuricämie kommen?

    1 Verminderung der Phosphoribosylpyrophosphat-Synthetase
    2 Erhöhung der Phosphoribosylpyrophosphat-Amidotransferase
    3 Verminderung der Xanthin-Oxidase
    4 Verminderung des tubulären Harnsäure-Sekretions-Systems

165 (D): Bei welchen Krankheitsbildern kann sekundär eine Hyperuricämie infolge von Harnsäureüberproduktion auftreten?

    1 Überernährung
    2 Chronische Nephritis
    3 Hämolytische Anämien
    4 Metabolische Acidosen

166 (C): Allopurinol senkt den Harnsäurespiegel im Blut, weil es die Harnsäuresekretion steigert.

167 (D): Welche Arzneimittel werden bei einem akuten Gichtanfall gegeben?

    1 Analgetica (Pyramidon)
    2 Diuretica (Diamox)
    3 Tubulinpolymerisationshemmer (Colchicin)
    4 Xanthinoxidasehemmer (Allopurinol)

Arteriosklerose

168 (D): Welche der folgenden Aussagen über Arteriosklerose sind richtig?

    1 Sie besteht in einer Verdickung der Media der Arterienwand
    2 Schädigung oder Ablösung des Endothels ist eine Voraussetzung für ihre Entstehung
    3 Ein Thrombocytendefekt ist eine Voraussetzung für ihre Entstehung
    4 Es kann zur Ausbildung von Schaumzellen in der Arterienwand kommen

169 (A): Welche Bedingung gilt nicht als wesentlicher Risikofaktor für die Ausbildung von Arteriosklerose?

    A Rauchen
    B Hypercholesterolämie
    C Hypertonie
    D Hämophilie
    E Diabetes

170 (C): In einer arteriosklerotischen Läsion ist die Intima der Arterienwand verdickt, weil glatte Muskelzellen der Media in die Intima eingewandert sind, dort proliferieren und Intercellularsubstanz bilden.

9 Bereitstellung von Molekülen für spezielle Transport- und Signalprozesse

Prüfungsfragen

Steroidkomponenten in Blut und Galle

1 (D): Die Hydroxymethylglutaryl-CoA-Reductase
1 ist hauptsächlich in den Mitochondrien lokalisiert
2 benötigt NADH als Coenzym
3 wird aktiviert durch Cholesterol
4 katalysiert die Synthese von Mevalonsäure

2 (D): Welche Aussagen sind richtig?
1 Die Neusynthese von Cholesterol beträgt etwa 1 g/d
2 Cholesterol wird vor allem in Leber und Darm de novo synthetisiert
3 Cholesterol wird über die Galle in den Darm sezerniert, etwa 1 g/d
4 Vom Cholesterol im Darm werden maximal etwa 0,5 g/d resorbiert

3 (D): Welche Aussagen sind zutreffend? Plasma-Cholesterol
1 steigt im Alter an
2 ist abhängig vom Fettsäuren-Gehalt der Nahrung (hoch ungesättigte Fettsäuren senken den Cholesterolspiegel)
3 ist abhängig vom Cholesterol-Gehalt der Nahrung unterhalb des Resorptionsmaximum im Darm
4 liegt im Blut überwiegend verestert vor

4 (A): Welches Lipoprotein hat den höchsten Cholesterolgehalt?
A Chylomikronen
B Prä-ß-Lipoproteine (VLDL)
C ß-Lipoproteine (LDL)
D α-Lipoproteine (HDL)
E Chylomikronen-Reste

5 (D): Welche Aussagen sind richtig? Cholsäure

1 wird de novo aus Cholesterol durch Δ^5-Isomerisierung, Δ^4-Hydrierung, 3β→3α-Isomerisierung, 7α,12α-Hydroxylierung und Seitenkettenverkürzung gebildet
2 wird mit ATP und CoA unter Freisetzung von ADP und P_a zu Cholsäure-CoA aktiviert
3 wird mit Glycin oder Taurin konjugiert
4 wird über die Galle ausgeschieden und über die Lymphwege rückresorbiert

6 (D): Was ist richtig? In der Leber werden de novo gebildet

1 Albumin   12 g/d
2 Fibrinogen   2 g/d
3 Cholesterol   0,5 g/d
4 Gallensäuren   10 g/d

7 (A): Wieviel Gallensäuren durchlaufen etwa den enterohepatischen Kreislauf?

A   2 g/d   D   30 g/d
B   5 g/d   E 100 g/d
C 15 g/d

Hämoglobin und Plasmaproteine

8 (D): An der Synthese des Häms sind beteiligt

1 2-Aminoacetat
2 Succinat
3 5-Amino-4-ketovalerianat
4 4-Amino-3-ketobutyrat

9 (D): Welche Schritte der Häm-Biosynthese sind in den Mitochondrien lokalisiert?

1 Bildung von δ-Aminolävulinat
2 Bildung von Porphobilinogen
3 Einlagerung von Eisen(II) in Protoporphyrin
4 Verkürzung der Acetat-Seitenketten des Tetrapyrrolrings zu Methyl-Seitenketten

10 (A): Bringen Sie die Schritte der Häm-Biosynthese in die richtige Reihenfolge

1 Bildung von Porphobilinogen
2 Komplexierung von Eisen(II)
3 Bildung von Uroporphyrinogen
4 Synthese von δ-Aminolävulinat
5 Bildung von Protoporphyrin

A	4 3 1 2 5
B	4 3 1 5 2
C	4 1 3 5 2
D	1 4 3 5 2
E	4 1 5 3 2

11 (D): Welche der folgenden Aussagen sind richtig? Hämoglobin wird im Adulten vor allem synthetisiert in

1 Milz
2 Leber
3 Niere
4 Knochenmark

12 (A): In welcher Form werden Eisen-Ionen im Blut transportiert?

A Als freies Ion im Plasma
B Proteingebunden an Ferritin
C Proteingebunden an Transferrin
D Proteingebunden an Hämosiderin
E Proteingebunden an Siderophilin

13 (C): Die Geschwindigkeit der Hämsynthese wird durch die Hämkonzentration bestimmt, weil durch erhöhte Konzentration von Häm die Syntheserate des Enzyms δ-Aminolävulinat-Synthase gehemmt wird.

14 (C): Gallenfarbstoffe werden von der Leber über die Galle in den Dünndarm abgegeben, weil sie im Darm zur Lipidresorption benötigt werden.

15 (E,A) In der folgenden Skizze ist ein Fehler. Bei welcher Ziffer? (BR = Bilirubin; BRDG = Bilirubindiglucuronid; GS = Gallensäuren; Chol = Cholesterol; Alb = Albumin; Y, Z = cytosolische Bindungsproteine)

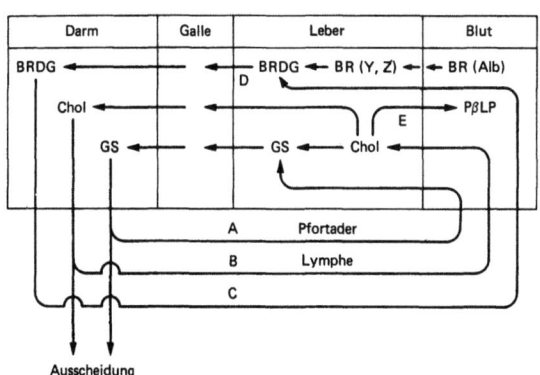

16 (D): Wesentliche exokrine Arbeitsleistungen der Hepatocyten sind die Bildung von

1 Bilirubindiglucuronid
2 Bilirubin
3 Gallensäuren
4 Creatin

17 (D): Endokrine Arbeitsleistungen der Leber sind die Synthese von

1 Albumin
2 Vitamin K
3 Lecithin-Cholesterol-Acyl-Transferase (LCAT)
4 Glutamat-Oxalacetat-Transaminase (GOT)

18 (D): Welche der folgenden Verbindungen sind sezernierte Glykoproteine?

1 FSH (Follikel-stimulierendes-Hormon)
2 Gerinnungsfaktoren
3 γ-Globuline
4 Prokollagen

19 (D): Welche Aussage über die Signalhypothese der Verteilung von neusynthetisierten Proteinen auf Cytosol oder Serum sind richtig?

1 Cytosolische Proteine werden am rauhen endoplasmatischen Reticulum synthetisiert
2 Sekretionsproteine tragen N-terminal ein Polypeptid von 20-30 Aminosäuren, das noch während der Proteinsynthese (cotranslational) wieder abgespalten wird
3 Das N-terminale Peptid erkennt Bindungsstellen an vorgeformten Tunneln im endoplasmatischen Reticulum, durch die das Protein in die Cisternen ausgeschleust wird
4 Während der Ausschleusung bilden mRNA, Ribosom, endoplasmatisches Reticulum und die Proteinkette in statu nascendi einen Komplex

Hormone*

Steroidhormone

20-23 (B): Klassifizieren Sie die angegebenen Steroidhormone

        20 Cortisol   A C-27-Steroid
        21 Aldosteron   B C-21-Steroid
        22 Testosteron C C-20-Steroid
        23 Oestradiol   D C-19-Steroid
                              E C-18-Steroid

24 (D): Welche Aussagen sind richtig?

1 Gluco- und Mineralocorticoide werden ausgehend von Progesteron synthetisiert
2 Glucocorticoide werden in Position 11β, 17α und 18 des Steroidgerüsts hydroxyliert
3 Mineralocorticoide werden in Position 11β, 18 und 21 des Steroidgerüsts hydroxyliert
4 Gluco- und Mineralocorticoide werden in der Nierenrinde gespeichert und bei Bedarf sezerniert

25 (D): Welche der folgenden Aussagen über die weiblichen Sexualhormone sind richtig?

1 Oestrogene und Progesteron beeinflussen den Funktionszustand der Uterusschleimhaut
2 Die Freisetzung von Oestrogenen und Progesteron aus dem Corpus luteum wird durch das Luteinisierungshormon der Hypophyse stimuliert
3 Bei einer Schwangerschaft werden Oestrogene und Progesteron von der Placenta gebildet
4 Die Abstoßung der Uterusschleimhaut (Menstruation) wird durch das Versiegen der Progesteronproduktion infolge Zurückbildung des Corpus luteum ausgelöst

*Weitere Prüfungsfragen: Glucocorticoide Kap. 6; Mineralocorticoide Kap. 7; Calciferol Kap. 4; Gastrin, Secretin, Pankreozymin Kap. 4; Insulin Kap. 5; Glucagon Kap. 6; Erythropoetin Kap. 4; Antidiuretin Kap. 7; ACTH, TSH, STH Kap. 6; Catecholamine Kap. 6 und Kap. 12.

26-28 (B): Ordnen Sie den angegebenen Hormonen die beste Aussage zu.

26 Testosteron
27 Progesteron
28 Oestradiol

A Ring A im Steroidgerüst ist aromatisch
B Wird erst nach Reduktion in der Zielzelle aktiv
C Wird nicht aus Cholesterol synthetisiert
D Wird in der Schwangerschaft von der Placenta gebildet
E Stimuliert die Follikelreifung im Ovar

29 (D): Welche Aussagen über Testosteron sind richtig?

1 Es wird erst nach Reduktion in der Zielzelle aktiv
2 Es fördert die Ausbildung der primären und sekundären männlichen Geschlechtsmerkmale
3 Es stimuliert die Proteinsynthese
4 Es wird als 17-Ketosteroid konjugiert mit Sulfat im Urin ausgeschieden

30 (D): Welche Hormone erhöhen den Calcium-Spiegel im Blut?

1 1,25-Dihydroxycholecalciferol
2 Calcitonin
3 Parathormon
4 Relaxin

Thyroxin

31 (D): Durch welche der angegebenen Verbindungen wird die Ausschüttung von Thyroxin direkt oder indirekt reguliert?

1 TRH (Thyreotropin-Release-Hormon)
2 TSH (Thyreotropin)
3 Thyroxin
4 Thyreoglobulin

32 (D): Welche Aussagen sind richtig?

1 Thyroxin wird in der Schilddrüse durch Jodierung von Tyrosin gebildet
2 Das für die Jodierung benötige J_2 wird aus Jodid durch Oxidation mit H_2O_2 gebildet
3 Thyroxin wird extracellulär im Lumen der Drüse gespeichert

4 Thyroxin wird nach Konjugation mit Glucuronat über Galle und Urin ausgeschieden

Proteohormone

33 (C): Die intracelluläre Wirkung der Proteohormone muß durch einen zweiten Boten, meist cAMP, vermittelt werden, da die Proteohormone zu den Hormonen mit ektocellulärem Receptor gehören.

34 (D): Secretin und Pankreozymin
1 sind Proteohormone
2 werden im Dünndarm gebildet
3 werden auf Parasympathicusreiz freigesetzt
4 fördern die Freisetzung von Pankreasaft

35 (C): Erythropoetin trägt zur Aufrechterhaltung und Verbesserung der O_2-Versorgung der Organe bei, weil es die O_2-Abgabe vom Oxy-Hämoglobin an die Gewebe fördert.

36 (D): Die Release-Hormone (Freigabe-Hormone) des Hypothalamus
1 sind kurzkettige Peptidhormone
2 werden im parvicellulären System gebildet und über ein spezielles Venensystem zum Hypophysenhinterlappen transportiert
3 stimulieren (oder hemmen) die Freisetzung von glandulären und nicht-glandulären Hormonen
4 werden auf hormonelle und metabolische Reize ausgeschüttet

37 (D): Welche Hormone werden in der Neurohypophyse gebildet?
1 Antidiuretin
2 Somatotropin
3 Ocytocin
4 Prolactin

38-40 (B): Ordnen Sie den aufgeführten Hormonen die richtigen Wirkungen zu.

38 Choriongonadotropin
39 Ocytocin
40 Prolactin

A Stimulation der Follikelreifung
B Förderung der Milchproduktion
C Förderung der Progesteron- und Östradiol-Produktion durch das Corpus luteum
D Auslösung des Milcheinschusses
E Auflockerung der Symphyse und der Ileosacralgelenke

41-43 (B): Ordnen Sie den angegebenen Proteohormonen die entsprechenden Funktionen zu.

41 ACTH (Adrenocorticotropes Hormon)
42 LH (Luteinisierungshormon)
43 PRL (Prolactin)

A Stimuliert die Aktivität der Prostata
B Stimuliert die Testosteronproduktion im Hoden
C Stimuliert die Freisetzung von Glucocorticoiden aus der Nebennierenrinde
D Stimuliert die Adrenalin-Freisetzung aus dem Nebennierenmark
E Stimuliert die Lactation

Catecholamine

44-46 (B): Unter den Catecholaminen gibt es Hormone und Neurotransmitter. Ordnen Sie den angegebenen Catecholaminen die jeweils beste Aussage zu.

44 Noradrenalin
45 Adrenalin
46 Dopamin

A Ist ein Hormon aus der Nebennierenrinde
B Ist ein Hormon aus dem Nebennierenmark
C Ist Hormon und Neurotransmitter
D Kommt im Körper ausschließlich als Neurotransmitter vor
E Die Freisetzung wird durch ACTH (Adrenocorticotropes Hormon) stimuliert

Prostaglandine

47 (D): Welche der folgenden Aussagen über Prostaglandine (PG) sind richtig?

1 PG werden nicht gespeichert, sondern bei Bedarf synthetisiert
2 PG können in allen Geweben synthetisiert werden
3 PG werden in allen Geweben rasch abgebaut
4 PG werden als Gewebshormone bezeichnet

48 (A): Bei welcher der folgenden Substanzen bzw. Substanzgruppen kann die Synthese durch Aspirin gehemmt werden?

A Kinine
B Histamin
C Prostaglandine
D Serotonin
E Komplementfaktoren

49 (C): Bei der durch Glucagon ausgelösten Lipolyse im Fettgewebe wird im Fettgewebe ein Prostaglandin gebildet, das antilipolytisch wirkt (Feedback), weil es die Aktivität der durch Glucagon stimulierten Adenylatcyclase hemmt.

Porphyrien

50 (C): Friedrich Wilhelm von Preußen (Soldatenkönig) litt an erythropoetischer Prophyrie, weil er über einen erhöhten δ-Aminolävulinat-Synthase-Spiegel verfügte.

51 (A): Welcher Enzymdefekt liegt der erythropoetischen Porphyrie zugrunde?

A δ-Aminolävulinat-Synthese erhöht
B Porphobilinogen-Synthese erhöht
C Uroporphyrinogen-Synthese vermindert
D Uroporphyrinogen-Isomerase vermindert
E Ferrochelatase vermindert

52 (C): Bei intermittierender hepatischer Porphyrie kommt es zu Photosensibilisierungen der Haut mit Blasenbildung, weil Uroporphyrin I in Haut und Zähnen aufgrund eines Uroporphyrinogen-Isomerase-Defekts abgelagert wird.

53 (D): Welche Zwischen- bzw. Nebenprodukte der Hämsynthese treten bei intermittierender hepatischer Porphyrie im Harn auf?

1 δ-Aminolävulinat
2 Porphobilinogen
3 Uroporphyrin III
4 Häm

Hyperbilirubinämien

54-57 (B): Ordnen Sie den aufgeführten Defekten die richtige Bezeichnung zu. (BR = Bilirubin, BRDG = Bilirubin-Diglucuronid; Y,Z = cytosolische Bindungsproteine; Alb = Albumin)

A Verschluß-Ikterus
B Ikterus bei Gilbert-Meulengracht-Syndrom
C Neugeborenen-Ikterus
D Ikterus bei Virushepatitis
E Hämolytischer Ikterus

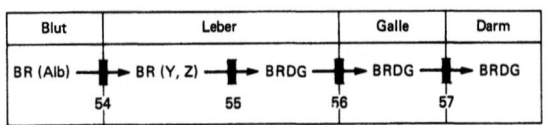

58 (D): Bei welchen Hyperbilirubinämien ist "direktes", glucuronidiertes Bilirubin erhöht?

1 Hämolytischer Ikterus
2 Ikterus bei Crigler-Najjar-Syndrom
3 Neugeborenen-Ikterus
4 Ikterus bei Virushepatitis

10 Biologische Abwehr

Prüfungsfragen

Biotransformation

1 (D): Welche der angegebenen Prozesse zählen zu den Hauptfunktionen der Biotransformation?

    1 Inaktivierung von Arzneimitteln
    2 Aktivierung von Arzneimitteln
    3 Umwandlung lipophiler Arzneimittel in eine wasserlösliche, ausscheidbare Form
    4 Umwandlung normaler Zellen in Krebszellen

2 (A): In welchem der angegebenen Zellkompartimente sind die meisten Enzyme der Biotransformation lokalisiert?

    A Zellkern
    B Cytosol
    C Glattes endoplasmatisches Reticulum
    D Mitochondrien
    E Rauhes endoplasmatisches Reticulum

3 (D): Welche der folgenden Aussagen sind richtig? Cytochrom P_{450}-Monooxygenasen katalysieren

    1 die Biotransformation vieler Pharmaka in der Leber
    2 eine mit O_2 und NADPH als Substrat verlaufende Hydroxylierung
    3 die Dealkylierung von N-, O- oder S-Alkylsubstituenten
    4 die Hydroxylierung von Prolin zu Hydroxyprolin bei der Kollagensynthese

4 (D): Welche der angegebenen Reaktionstypen spielen bei der Biotransformation eine Rolle?

    1 Hydrolyse   3 Oxidation
    2 Konjugation   4 Reduktion

5 (C): Eine Behandlung mit Barbituraten kann die Wirkung anderer Pharmaka beeinflussen, weil Barbiturate zu einer Induktion mikrosomaler Enzyme führen.

6 (A): Aus welcher der angegebenen Verbindungen stammt das Sauerstoffatom, das bei den durch Monooxygenasen katalysierten Hydroxylierungen in der Hydroxylgruppe auftritt?

    A H_2O D NADPH
    B O_2 E NADH
    C H_2O_2

7 (C): Die Konjugation von OH-, NH-, SH- und COOH-Gruppen lipophiler Arzneimittelmetabolite erfolgt vor allem mit Glucuronsäure, Sulfat und Glycin, weil die Metabolite durch Anknüpfung dieser Verbindungen wasserlöslicher werden.

8 (D): Einem Patienten, der unter Behandlung mit einer konstanten Dosis des Anticoagulans Dicumarol steht, wird Barbiturat verabreicht. Welche der angegebenen Veränderungen können dadurch ausgelöst werden?

1 Gefahr von Thrombosen
2 Gefahr von Hämorrhagie
3 "Induktion" der Cytochrom P_{450}-Monooxygenase
4 "Repression" der UDP-Glucuronyltransferase

9 (C): Bei der Cytochrom P_{450}-Monooxygenase-Reaktion muß das Häm-Fe(III) zunächst zu Häm-Fe(II) reduziert werden, weil - in Analogie zu den Verhältnissen beim Hämoglobin - nur die Häm-Fe(II)-Gruppierung O_2 bindet.

10 (A): Durch welche der angegebenen Enzyme werden die hydrolytischen Reaktionen der Biotransformation hauptsächlich katalysiert?

A Hydroxylasen
B spezifische Hydrolasen der Leber
C unspezifische Hydrolasen im Blut und in den Geweben
D spezifische Hydrolasen im Blut
E Cytochrom P_{450}-Hydrolasen

11 (A): Welche der angegebenen Substanzen ist durch die Biotransformationsreaktionen des Körpers praktisch nicht abbaubar und kann sich daher - bei ihrer extremen Lipophilität - zu toxischen Konzentrationen im Körper anhäufen?

    A Aspirin
    B Barbiturate
    C DDT (Insekticid)
    D Valium
    E Dicumarol

12 (D): Die Cytochrom P_{450}-Monooxygenase ist ein Enzymkomplex. Welche der angegebenen Komponenten sind seine Bestandteile (Leber)?

    1 Cytochrom P_{450}
    2 Ferredoxin
    3 NADPH-Cytochrom P_{450}-Reductase
    4 Adrenodoxin

13 (D): Durch die Biotransformation können

    1 exogene Substanzen in weniger wirksame überführt werden
    2 exogene Substanzen in stärker wirksame überführt werden
    3 endogene Produkte in weniger toxische überführt werden
    4 Substanzen lipidlöslicher gemacht werden

14 (D): Das glatte endoplasmatische Reticulum

    1 sorgt für den Alkoholabbau
    2 ist bei Neugeborenen enzymatisch genau so aktiv wie beim Erwachsenen
    3 enthält die Enzyme der Proteinsynthese
    4 enthält die Enzyme der Biotransformation

Immunabwehr

15 (A): Welche der angegebenen Antworten ist richtig? Unter Selbsttoleranz versteht man

    A die Abstoßung von Krebszellen
    B die Tatsache, daß körpereigene Strukturen nicht als Antigene wirken
    C die Tatsache, daß Autoimmunkrankheiten auftreten können
    D die Erduldung seiner Mitmenschen
    E die Tatsache, daß körperfremdes Gewebe abgestoßen wird

16 (D): Welche der angegebenen Aussagen ist richtig? Das IgG-Molekül

1 enthält Kohlenhydrat
2 besteht aus zwei identischen H- und zwei identischen L-Ketten
3 gelangt in den foetalen Kreislauf
4 bindet Komplement

17 (A): Welche der angegebenen Antworten ist richtig? Die Lyse einer Zelle durch das spezifisch aktivierte Komplementsystem

A ist Teil der cellulären Immunantwort
B ist eine Voraussetzung zur humoralen Immunantwort
C setzt eine humorale Immunantwort voraus
D wird von den T-Killer-Zellen ausgeführt
E wirkt nur gegen Tumorzellen

18 (C): Die Phagocytose einer mit IgG Antikörpern besetzten Bakterienzelle ist beschleunigt, weil die mit dem Antigen komplexierten Antikörper an Receptoren der Makrophagen gebunden werden.

19 (E,D): In der folgenden Skizze ist ein Fehler.

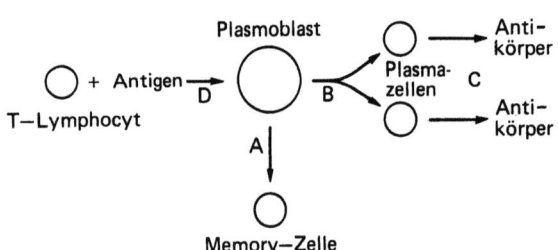

20 (D): Welche der folgenden Aussagen über die H- und L-Ketten von IgG sind richtig?

1 An die H-Kette ist Kohlenhydrat gebunden
2 Komplement wird an den konstanten Teil der L-Kette angelagert
3 H- und L-Ketten liegen im Immunglobulin in einem molaren Verhältnis von 1 : 1 vor
4 Der variable Teil der H-Ketten bildet die Monocytenbindungsstelle

21 (D): Welche der folgenden Angaben sind richtig?
1 Heuschnupfen beruht auf einer Immunreaktion
2 Heuschnupfen löst die Synthese humoraler Antikörper aus
3 Heuschnupfenbehandlung mit Antihistaminica ist sinnvoll
4 Heuschnupfen entsteht durch die Degranulierung von Lymphocyten

22 (A): Welche der folgenden Aussagen über Immunglobuline ist falsch?

A Immunglobuline sind Glykoproteine
B Die Synthese und Sekretion humoraler Antikörper erfolgt wie die anderer sezernierter Glykoproteine
C Humorale Antikörper werden von T-Lymphocyten synthetisiert
D Die Immunglobulinklassen des Menschen werden nach den H-Ketten-Typen klassifiziert
E B-Lymphocyten tragen auf ihrer Oberfläche Immunglobine als Antigenreceptoren

23 (D): Welche der folgenden Aussagen sind mit dem Klon-Selektionsmodell in Übereinstimmung?

1 Ein Antigen löst die Bildung von den Antikörpern aus, die dieses Antigen binden
2 Ein Antigen selektiert eine Plasmazelle
3 Ein Klon von Plasmazellen synthetisiert den Antikörper, der auf das Antigen paßt, das die humorale Immunreaktion auslöst
4 Die Immunglobulinpolypeptidketten werden erst durch die Anlagerung an das Antigen zum spezifischen Antikörper gefaltet

24 (D): Welche der folgenden Aussagen über die Kontrolle der humoralen Immunantwort sind richtig?

1. Bei einem Myelom liegt eine unkontrollierte (maligne) Proliferation von B-Lymphocyten vor
2. T-Suppressor-Zellen sind an der Hemmung der humoralen Immunreaktion beteiligt
3. Die gebildeten Antikörper üben eine Feedback-Hemmung auf die humorale Immunantwort aus
4. Die bei besonderen Myelomen in großer Menge produzierten L-Ketten gelangen in den Urin und werden als Bence-Jones-Proteine bezeichnet

Unspezifische Abwehr

25 (C): Lysozym wirkt baktericid, weil es Komponenten der bakteriellen Zellmembran spaltet.

26 (D): Die Phagocytose eines körperfremden Makromoleküls oder einer körperfremden Zelle (Antigen) wird durch die Anlagerung an phagocytierende Zellen eingeleitet. Welche der angegebenen Receptoren werden auf der Makrophagenoberfläche gefunden? (IgG = Immunglobin G)

1. Receptoren für die Monocytenbindungsstelle von IgG, das an ein Antigen gebunden ist
2. Unspezifische Receptoren für körperfremde Makromoleküle
3. Receptoren für die zellgebundene C_3-Komponente des Komplementsystems
4. Receptoren für die Komplementbindungsstelle von IgG

27 (A): Welches der angegebenen Enzyme bzw. welche der angegebenen Substanzen ist <u>nicht</u> an der Abtötung oder am Abbau phagocytierten Materials im Makrophagen beteiligt?

A H_2O_2
B Lysozym
C Katalase
D Lysosomale Hydrolasen
E Produkte der Peroxidation von Lipiden

28 (C): Die Phagocytose von Bakterien, die mit IgG oder Komplementfaktor 3 besetzt sind, ist beschleunigt, weil für diese Verbindungen spezifische Receptoren mit hoher Affinität auf der Makrophagenoberfläche vorliegen.

29 (C): Interferon ist ein unspezifischer Hemmer einer Virusinfektion, weil es die Virusneubildung sowohl des Virus, das die Interferonbildung ausgelöst hat, als auch die vieler anderer Virustypen hemmt.

30 (D): Welche der angegebenen Verbindungen können eine Vasodilatation bei der Entzündungsreaktion hervorrufen?

    1 Bradykinin   3 Prostaglandine
    2 Histamin   4 Lysozym

31 (C): Aspirin wirkt entzündungshemmend, weil es die Synthese der Kinine hemmt.

32 (D): Welche der angegebenen Phänomene sind für eine Entzündungsreaktion im allgemeinen charakteristisch?

    1 Vasodilatation
    2 Erhöhung der Kapillarpermeabilität
    3 Leukocyteneinwanderung
    4 Unterdrückung der Immunantwort

Blutungsstillung

33 (A): Welche der folgenden Aussagen ist richtig? (TC = Thrombocyten)

    A Blutgerinnung ist Voraussetzung für die TC-Aggregation
    B TC-Aggregation ist Voraussetzung für die Blutgerinnung
    C Voraussetzung für Blutgerinnung ist immer die Aktivierung des Hageman-Faktors
    D TC lagern sich an die Endothelzellen der Gefäße an
    E TC lagern sich an subendotheliale Kollagenfasern an

34 (E,A): In der folgenden Skizze über die Thrombogenese ist ein Fehler. (Pf3 = Plättchenfaktor 3)

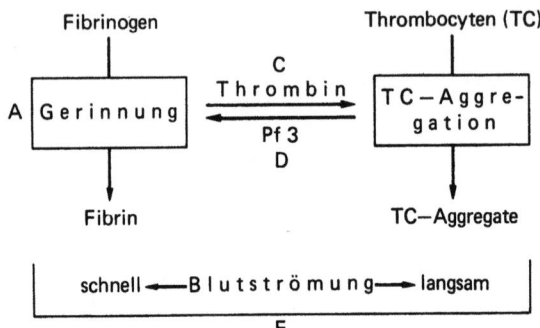

35 (C): Heparin verhindert die Thrombocyten-Aggregation, weil es die Wirkung von Plasmin hemmt.

36 (C): Vitamin K-Antagonisten hemmen die Anlagerung von Thrombocyten bei Gefäßwandläsion, weil sie die Synthese von Gerinnungsfaktoren hemmen.

37 (C): Thrombocytenaggregation und Blutgerinnung laufen an derselben Stelle im Gefäß ab, weil Plättchenfaktor 3 für die Blutgerinnung benötigt wird und Thrombin die Thrombocytenaggregation stimuliert.

11 Kontraktion und Bewegung

Prüfungsfragen

Actomyosin-System

Muskelkontraktion und -relaxation

1 (D): Welche der folgenden Aussagen sind richtig? Die Kontraktion der Skeletmuskelfaser wird ausgelöst durch

1 Membrandepolarisation während des Aktionspotentials
2 Erhöhung der intracellulären Natriumkonzentration
3 Erhöhung der Calciumkonzentration im Cytoplasma
4 Hemmung der Natrium-Pumpe während der Membrandepolarisation

2 (D): Welche der folgenden Aussagen sind richtig? Voraussetzung für eine Muskelkontraktion in vivo ist, daß

1 Magnesium im Cytoplasma vorhanden ist
2 die Acetylcholin-Receptoren der neuromusculären Endplatte nicht, z.B. durch Curare, blockiert sind
3 die Calcium-Konzentration in der Umgebung der kontraktilen Filamente erhöht ist
4 der Muskel Glykogen enthält

3 (D): Welche der folgenden Aussagen über das gleitende Filament-Modell der Muskelkontraktion sind richtig?

1 Die Muskelkontraktion beruht auf dem Aneinanderentlanggleiten von dünnen (Actin) und dicken (Myosin) Filamenten
2 Die Filamente verkürzen sich selbst dabei
3 Die Länge des Sarkomers wird verkürzt
4 Eine Längenänderung der Myofibrillen findet nicht statt

4 (A): Welche der folgenden Aussagen über den Begriff Sarkomer ist richtig?

A Das Sarkomer ist mit der A-Bande der Myofibrillen identisch
B Als Sarkomer wird der Abschnitt zwischen zwei benachbarten Z-Streifen der Myofibrillen bezeichnet
C Als Sarkomer wird der Abschnitt aus einer A- und einer benachbarten I-Bande der Myofibrillen bezeichnet
D Bei der Muskelkontraktion bleibt die Länge des Sarkomers konstant
E Keine der Aussagen ist richtig

5 (A): Muskelkontraktion wird durch Nervenimpulse ausgelöst. In der Muskelfaser löst die Depolarisation des Sarkolemm (= Plasmamembran) das Signal zur Kontraktion der Myofibrillen aus. Als Signal dient

A Magnesium   D Creatinphosphat
B Calcium   E Natrium
C ATP

6 (C): In der Muskelfaser wird eine erhöhte Calcium-Konzentration im Cytoplasma zur Kontraktion benötigt, weil Actin und Myosin nur in Wechselwirkung treten können aufgrund der direkten bzw. indirekten Wirkung von Calcium auf die Regulatorproteine Troponin bzw. Tropomyosin.

7 (A): Wählen Sie die einzelnen Schritte der Wechselwirkung zwischen Actin und Myosin bei der Muskelkontraktion aus und bringen Sie sie in die Reihenfolge, wie sie mit dem Einstrom von Calcium beginnt.

1 Myosin-ADP,-P_a + Actin ⟶ Actomyosin-ADP,-P_a
2 Myosin-ATP + Actin ⟶ Actomyosin-ATP
3 Actomyosin-ADP,-P_a ⟶ Actomyosin + ADP + P_a
4 Actomyosin-ATP ⟶ Myosin-ATP + Actin
5 Actomyosin-ATP ⟶ Actomyosin-ADP,-P_a
6 Actomyosin + ATP ⟶ Myosin-ATP + Actin
7 Myosin-ATP + Actin ⟶ Myosin-ADP,-P_a + Actin

A 1 3 6 7   D 6 7 1 3
B 2 4 7 1   E 5 3 6 2
C 2 5 3 6

8 (D): Welche der folgenden Aussagen sind richtig?
Das sarkoplasmatische Reticulum

1 verläuft in der Längsrichtung der Muskelfasern
2 kann Calcium speichern
3 kann Calcium aus dem Cytoplasma aufnehmen gegen den Konzentrationsgradienten
4 ist zum Extracellularraum hin offen

9 (A): Welche der folgenden Aussagen ist richtig?
Tropomyosin ist

A ein durch Trypsin-Behandlung aus Myosin gebildetes Spaltprodukt
B ein mit Actin assoziiertes Regulatorprotein der Muskelkontraktion
C das Bindungsprotein für Calcium an den kontraktilen Elementen
D das Bindungsprotein für Calcium im endoplasmatischen Reticulum des Muskels
E das Transportprotein für Calcium in das sarkoplasmatische Reticulum

Quellen der Muskelenergie

10 (D): Welche der folgenden Aussagen sind falsch?
Im überwiegenden Maß wird die Energie für den Muskel bereitgestellt

1 bei leichter Aktivität im "Hunger" durch Blut-Glucose und Fettsäuren
2 bei einem Langstreckenlauf durch Fettsäuren und Blut-Glucose
3 bei Ruhe im "Hunger" durch Blut-Glucose
4 bei einem Kurzstreckensprint durch Creatinphosphat, Blut-Glucose und Muskel-Glykogen

11 (D): Welche charakteristischen Eigenschaften weisen rote Muskeln auf?

1 Dauerleistung
2 Enzyme der Atmungskette
3 Myoglobin
4 Schnelle Kontraktion

12 (D): Welche Substrate sind an der Synthese von Creatin beteiligt?

1 Arginin   3 Glycin
2 Alanin   4 Serin

13 (A): In welchem Organ wird Creatin überwiegend synthetisiert?

    A Darm   D Niere
    B Erythrocyten   E Leber
    C Muskel

14 (D): Welche Proteine sind in weißen Muskelfasern in hoher Konzentration vorhanden?

1. Cytochrom-Oxidase
2. Myosin-ATPase
3. Myoglobin
4. Glykogen-Phosphorylase

15 (D): Welche Aussagen sind richtig?

1. Rote Muskeln gewinnen Energie hauptsächlich durch die Redoxprozesse der Atmungskette
2. Weiße Muskeln kontrahieren schnell
3. Weiße Muskeln weisen eine hohe Glykolyse-Kapazität auf
4. Rote Muskeln sind reich an Glykogen-Phosphorylase

Muskelerkrankungen

16 (D): Welche der genannten Symptome sind mit der Diagnose Muskeldrystrophie in Übereinstimmung?

1. Lactat-Dehydrogenase im Urin erhöht
2. Creatinurie
3. Creatin-Synthese vermindert
4. Creatin-Kinase im Blut erhöht

17 (D): Welche Enzyme steigen im Serum an nach Herzinfarkt?

1. Lactat-Dehydrogenase-Isoenzym H4
2. Lactat-Dehydrogenase-Isoenzym M4
3. Creatin-Kinase
4. Cytochrom-Oxidase

Mikrotubuli-System

18 (D): Welche der folgenden Aussagen über Mikrotubuli sind richtig?

1. Mikrotubuli bestehen aus Protein
2. Mikrotubuli werden in allen eukaryontischen Zellen gefunden
3. Die mitotischen Spindelfasern, die Cilien und Flagellen von Eukaryonten sind aus Mikrotubuli aufgebaut

          4 Colchicin hemmt die Zellteilung durch
            Hemmung der Aggregation von Tubulin
            zu Mikrotubuli

19 (D):   Cilien
          1 bestehen aus einem Bündel von 9 Doppel-
            tubuli und einem zentralen Einzeltubulus
          2 sind von einer Membran umgeben
          3 schlagen synchron
          4 besitzen ATPase-Aktivität

20-24 (B): Zu welchem Bewegungssystem gehört welche
           Art der Kopplung zwischen Energie und
           Bewegung?

           20 Actomyosin-System
           21 Mikrotubuli-System
           22 Flagelle von Bakterien
           23 Cilie im respiratorischen Trakt
           24 Flagelle der Spermazelle

           A ATP-Spaltung zur aktiven Eigenbewegung
           B Creatinphosphat-Spaltung zur aktiven
              Eigenbewegung
           C Keine ATP-Spaltung, nur passive Fremd-
              bewegung
           D Myokinase-abhängige ADP-Spaltung zur
              aktiven Eigenbewegung
           E Keine der angegebenen Möglichkeiten

12 Kommunikation durch Neuronen

Prüfungsfragen

Signalfluß im Nervensystem

1 (D): Welche der angegebenen Nervenfasern gehören zum vegetativen Nervensystem?

    1 Motoneuronen   3 Nervus opticus
    2 Sympathicus   4 Parasympathicus

Aufbau des Nervensystems

2 (D): Welche der angegebenen Komponenten sind für den schnellen axonalen Transport in einem Nervenaxon notwendig?

    1 Der jeweilige Neurotransmitter
    2 Mikrotubuli
    3 Colchicin
    4 ATP

3 (D): Welche der angegebenen Substanzen können Energiesubstrate für das ZNS sein?

    1 Glucose   3 Sauerstoff
    2 Ketonkörper 4 Fettsäuren

4 (D): Das ZNS muß zur Energieversorgung und für verschiedene Biosyntheseprozesse, z.B. zur Synthese von Neurotransmittern, bestimmte Substrate aus dem Blut aufnehmen. Welche der folgenden Substanzen passieren die Blut-Hirn-Schranke?

    1 Tyrosin   3 Tryptophan
    2 Sauerstoff   4 Ketonkörper

5 (C): Glutamat und Aspartat, die in vitro auf Neuronen des ZNS erregend wirken, sind in vivo als Komponenten des Blutes für das ZNS harmlos, weil sie die Blut-Hirn-Schranke nicht passieren.

6 (D): Welche der angegebenen Prozesse im Nervensystem des Erwachsenen treffen auf Gliazellen, aber nicht auf Neuronen zu?

1 Zellteilung
2 Auslösung eines Aktionspotentials
3 Bildung der Myelinstruktur
4 Synthese eines Neurotransmitters

Biochemische und biophysikalische Grundlagen der Kommunikation durch Neuronen

7 (C): Für die Freisetzung eines Neurotransmitters muß extracelluläres Calcium vorhanden sein, da Calcium-Einstrom eine Voraussetzung für die Transmitterfreisetzung ist.

8 (D): Welche der angegebenen Prozesse kommen als hauptsächliche Mechanismen zur Inaktivierung eines in den synaptischen Spalt freigesetzten Neurotransmitters in vivo vor?

1 Diffusion des Neurotransmitters ins Blut
2 Wiederaufnahme des Neurotransmitters in die Nervenendigung, aus der der Transmitter freigesetzt wurde
3 Aufnahme in die postsynaptische Zelle, die den Receptor für den Neurotransmitter trägt
4 Enzymatische Inaktivierung des Neurotransmitters im synaptischen Spalt

9 (D): Welche der angegebenen Eigenschaften treffen auf ein Aktionspotential zu?

1 Die Geschwindigkeit seiner Fortleitung ist für ein bestimmtes Neuron konstant
2 Seine Amplitude hängt von der Menge an freigesetztem Neurotransmitter ab
3 Seine Frequenz ist variabel
4 Es wird bei Hemmung der Na^+/K^+-ATPase sofort blockiert

9a-9b (B): Ordnen Sie den angegebenen Ionenkanälen die richtige Funktion zu.

9a Chemisch gesteuerte Ionenkanäle
9b Elektrisch gesteuerte Ionenkanäle

A Axonaler Transport
B Speicherung von Neurotransmittern in synaptischen Vesikeln
C Fortleitung eines Aktionspotentials
D Wiederaufnahme von Neurotransmittern in die Nervenendigung
E Ausbildung eines synaptischen Potentials

10-12 (B): Ordnen Sie den verschiedenen Potentialen die zugehörige Aussage zu.

10 Elektrotonisches Potential
11 Aktionspotential
12 Ruhepotential

A Entsteht an der postsynaptischen Membran durch die Wirkung eines Neurotransmitters
B Löst die Freisetzung eines Neurotransmitters aus
C Setzt den Einstrom von Calcium-Ionen in das Neuron voraus
D Ist an den Einstrom von Kalium-Ionen gebunden
E Netto-Ionenströme durch die Membran sind während der Dauer des Potentials ausgeglichen

Signalaufnahme durch das afferente Nervensystem

13 (D): Welche Aussagen über Photoreceptorzellen sind richtig?

1 Das dem einfallenden Licht zugewandte Segment der Stäbchen enthält Vesikel mit dem Sehpigment Rhodopsin
2 Rhodopsin ist ein Glykoprotein
3 11-trans-Retinal wird durch Lichteinwirkung zu 11-cis-Retinal isomerisiert
4 Die photochemische Veränderung des Rhodopsins bewirkt eine Freisetzung von Calcium aus den Vesikeln der Stäbchen

14 (D): Welche Aussagen über die Auslösung des Nervensignals beim Sehprozeß ist richtig?

1 Im Dunkeln fließen ständig Natrium-Ionen in die Stäbchen
2 Licht bewirkt eine Ausschüttung von Calcium aus den Vesikeln der Stäbchen
3 Ausgeschüttetes Calcium vermindert den Natrium-Einstrom
4 Licht führt zur Depolarisation der Stäbchenmembran und damit zur Ausschüttung eines Neurotransmitters

Signalverarbeitung im zentralen Nervensystem*

15 (C): Dopamin kommt im Nervensystem in zwei verschiedenen Neuronentypen vor, weil es einmal selbst Neurotransmitter ist und zum anderen als Zwischenprodukt zur Synthese eines anderen Neurotransmitters dient.

16 (A): Bringen Sie die Zwischenprodukte der Adrenalinsynthese in die richtige Reihenfolge

1 Noradrenalin
2 Dopamin
  (Di-oxy-phenyläthylamin)
3 Tyrosin
4 DOPA
  (Di-oxy-phenylalanin)

A 4 3 1 2   D 3 1 2 4
B 3 2 1 4   E 3 2 4 1
C 3 4 2 1

17 (D): Der Abbau welcher der angegebenen Neurotransmitter wird bei einer Verabreichung von Monoaminoxidase (MAO)-Hemmern, z.B. als Antidepressiva, nicht gehemmt?

1 Serotonin
2 Dopamin
3 Noradrenalin
4 GABA (γ-Aminobuttersäure)

18-20 (B): Die Bestimmung der Konzentration von Abbauprodukten verschiedener Neurotransmitter in der Cerebrospinalflüssigkeit oder im Harn kann unter bestimmten Bedingungen als Maß für die Aktivität der entsprechenden Neuronen gewertet werden. Geben Sie für die Abbauprodukte an, von welchem Neurotransmitter sie vorwiegend stammen.

18 Homovanillinsäure
19 5-Hydroxyindolessigsäure
20 Vanillylmandelsäure

A Dopamin   D Acetylcholin
B Serotonin   E Noradrenalin
C GABA

*Weitere Prüfungsfragen: Catecholamine Kap. 6 und 9.

21 (D): Bei welchen der angegebenen Prozesse spielen dopaminerge Neuronen im ZNS eine Rolle?

1 Huntington's Chorea
2 Parkinson'sche Krankheit
3 Wirkung antidepressiver Pharmaka
4 Wirkung antipsychotischer Pharmaka

22 (D): In welchen der angegebenen Zelltypen kann beim Menschen Serotonin vorkommen?

1 Thrombocyten
2 Enterochromaffine Zellen der Mucosa
3 Neuronen
4 Mastzellen

23 (D): Zu welchen der angegebenen Prozesse führt eine Erhöhung der Tryptophankonzentration im Gehirn, ausgelöst z.B. durch eine Erhöhung der Tryptophankonzentration im Blut?

1 Erhöhte Noradrenalinsynthese
2 Verminderte GABA-Synthese
3 Erhöhte Dopaminsynthese
4 Erhöhte Serotoninsynthese

24 (D): Welche der folgenden Aussagen sind falsch?

1 GABA ist ein excitatorischer Neurotransmitter
2 GABA ist bei Hungtington's Chorea im ZNS erhöht
3 GABA wird durch Decarboxylierung von α-Ketoglutarat gebildet
4 Strychnin hemmt die Freisetzung von GABA

25 (D): Im Tierexperiment können Krämpfe ausgelöst werden durch Substanzen, die

1 die GABA-Transaminase hemmen (Hemmung des GABA-Abbaus)
2 die die Glutaminsäure-Decarboxylase hemmen (Hemmung der GABA-Synthese)
3 den Acetylcholin-Receptor der Skeletmuskeln blockieren
4 als GABA-Antagonisten den GABA-Receptor blockieren

26 (D): Welche der folgenden Prozesse könnten beim Erwachsenen für die plastischen Eigenschaften des Gehirns eine Rolle spielen?

1 Senkung des Ruhepotentials zur "Bahnung" einer Synapse
2 Steigerung der Synthese des jeweiligen Neurotransmitters zur "Bahnung" einer Synapse
3 Auflösung und Neubildung von Synapsen
4 Neubildung von Neuronen

Signalabgabe über das efferente Nervensystem*

27-29 (B): Geben Sie zu den aufgeführten Antagonisten den spezifischen Receptor an.

27 Atropin
28 Propranolol
29 Curare

A ß-adrenerger Receptor
B Muscarinischer, cholinerger Receptor
C GABA-Receptor
D Nicotinischer, cholinerger Receptor der neuromuskulären Endplatte
E α-adrenerger Receptor

30 (D): Die Acetylcholinesterase an cholinergen Synapsen wird gehemmt durch

1 Curare   3 Botulinustoxin
2 Nicotin   4 E605

31 (A): Bei Behandlung mit Anticholinergica wie Atropin und Atropin-ähnlichen Verbindungen klagen die Patienten über einen trockenen Mund (Hemmung der Speichelsekretion). Welche der angegebenen Prozesse ist dafür verantwortlich?

A Hemmung der Acetylcholinesterase der Speicheldrüse
B Blockierung der cholinergen Receptoren der sympathischen Ganglien
C Blockierung der cholinergen Receptoren der Drüsenzellen
D Hemmung der Freisetzung von Acetylcholin aus den parasympathischen Neuronen, die die Drüsen innervieren
E Lähmung der zur Speichelfreisetzung nötigen quergestreiften Kaumuskulatur

*Weitere Prüfungsfragen: Catecholamine Kap. 6 und 9.

32 (D):   Welche der angegebenen Substanzen werden
bei Erregung eines postganglionären Neurons
des Sympathicus aus der Nervenendigung
freigesetzt?

1 ATP
2 Noradrenalin
3 Dopamin-ß-Hydroxylase
4 Chromogranin

Antworten zu den Prüfungsfragen

Kapitel 1

1 - A	11 - D	21 - D	31 - E	41 - E
2 - D	12 - B	22 - E	32 - B	42 - D
3 - D	13 - B	23 - A	33 - D	43 - B
4 - B	14 - B	24 - B	34 - D	44 - E
5 - C	15 - C	25 - E	35 - E	45 - A
6 - E	16 - C	26 - E	36 - C	46 - C
7 - D	17 - E	27 - C	37 - D	47 - C
8 - C	18 - B	28 - E	38 - D	48 - C
9 - B	19 - A	29 - B	39 - B	49 - E
10 - A	20 - C	30 - C	40 - A	50 - B

51 - A	61 - D	71 - D
52 - D	62 - B	72 - A
53 - C	63 - B	73 - C
54 - B	64 - E	74 - B
55 - E	65 - B	75 - B
56 - E	66 - B	76 - D
57 - E	67 - A	77 - C
58 - B	68 - C	78 - C
59 - C	69 - E	
60 - B	70 - D	

Kapitel 2

1 - C	11 - A	21 - A	31 - B
2 - C	12 - D	22 - D	32 - E
3 - D	13 - B	23 - C	33 - A
4 - A	14 - C	24 - D	34 - B
5 - C	15 - C	25 - B	35 - B
6 - B	16 - C	26 - E	36 - C
7 - C	17 - A	27 - D	37 - D
8 - E	18 - C	28 - C	38 - E
9 - D	19 - E	29 - B	39 - D
10 - E	20 - B	30 - A	40 - D

Kapitel 3

1 - D	11 - C	21 - B	31 - C	41 - D
2 - C	12 - B	22 - B	32 - D	42 - A
3 - A	13 - D	23 - D	33 - A	43 - B
4 - D	14 - C	24 - D	34 - B	44 - B
5 - D	15 - A	25 - C	35 - C	45 - A
6 - C	16 - B	26 - A	36 - B	46 - B
7 - B	17 - B(C)	27 - C	37 - A	47 - D
8 - C	18 - C	28 - D	38 - A	48 - C
9 - A	19 - B	29 - A(B)	39 - A	49 - A
10 - A	20 - A	30 - E	40 - C	50 - C

51 - C	61 - B	71 - B
52 - D	62 - C	72 - C
53 - C	63 - A	73 - B
54 - E	64 - D	74 - A
55 - A	65 - C	75 - D
56 - C	66 - A	76 - B
57 - A	67 - B	77 - E
58 - E	68 - D	78 - B
59 - B	69 - A	79 - A
60 - D	70 - C	80 - B

Kapitel 4

1 - C	11 - A	21 - A	31 - E	41 - D
2 - D	12 - C	22 - D	32 - B	42 - C
3 - C	13 - B	23 - C	33 - B	43 - C
4 - C	14 - D	24 - D	34 - D	44 - B
5 - C	15 - C	25 - D	35 - D	45 - B
6 - B	16 - C	26 - C	36 - A	46 - C
7 - D	17 - C	27 - A	37 - B	47 - D
8 - A	18 - C	28 - B	38 - B	48 - B
9 - E	19 - A	29 - B	39 - D	49 - C
10 - C	20 - C	30 - C	40 - D	50 - C

51 - A	61 - A
52 - B	62 - C
53 - D	63 - C
54 - C	64 - D
55 - C	65 - A
56 - C	66 - B
57 - B	67 - E
58 - A	
59 - B	
60 - C	

Kapitel 5

1 - B	11 - A	21 - B	31 - B	41 - E
2 - D	12 - B	22 - B	32 - D	42 - C
3 - B	13 - A	23 - D	33 - B	43 - B
4 - A	14 - D	24 - C	34 - D	44 - D
5 - B	15 - C	25 - C	35 - B	45 - C
6 - B	16 - D	26 - A	36 - A	46 - C
7 - A	17 - C	27 - D	37 - B	47 - C
8 - A	18 - C	28 - E	38 - C	48 - B
9 - B	19 - C	29 - A	39 - B	49 - C
10 - C	20 - A	30 - C	40 - B	50 - C

51 - C	61 - A	71 - A
52 - D	62 - B	72 - C
53 - D	63 - C	
54 - D	64 - C	
55 - D	65 - B	
56 - D	66 - C	
57 - B	67 - B	
58 - C	68 - A	
59 - C	69 - A	
60 - D	70 - C	

Kapitel 6

1 - C	11 - A	21 - A	31 - B	41 - B
2 - B	12 - C	22 - A	32 - B	42 - D
3 - A	13 - D	23 - B	33 - A	43 - D
4 - D	14 - D	24 - E	34 - B	44 - C
5 - A	15 - D	25 - D(C)	35 - D	45 - E
6 - A	16 - D	26 - C	36 - A	46 - A
7 - E	17 - A	27 - D	37 - C	47 - A
8 - A	18 - A(E)	28 - C	38 - A	48 - A
9 - C	19 - E	29 - A	39 - B	49 - C
10 - B	20 - B	30 - A	40 - C	50 - B

51 - E	61 - D	71 - C	81 - D	91 - A
52 - C	62 - A	72 - A	82 - B	92 - D
53 - D	63 - D	73 - C	83 - E	93 - A
54 - B	64 - D	74 - A	84 - A	94 - B
55 - C	65 - D	75 - B	85 - B	95 - B
56 - C	66 - D	76 - E	86 - A	96 - A
57 - E	67 - C	77 - D	87 - A	97 - A
58 - B	68 - D	78 - C	88 - D	98 - C
59 - B	69 - B	79 - C	89 - A	99 - C
60 - D	70 - C	80 - D	90 - C	100 - A

Kapitel 6 (Fortsetzung)

101 - C	111 - B	121 - B	131 - C	141 - C
102 - D	112 - E	122 - C	132 - A	142 - B
103 - C	113 - D	123 - B	133 - C	143 - D
104 - B	114 - D	124 - C	134 - A	144 - C
105 - B	115 - C	125 - C	135 - A	145 - A
106 - A	116 - C	126 - D(E)	136 - D	146 - B
107 - A	117 - B(A)	127 - A	137 - B	147 - C
108 - C	118 - A	128 - C	138 - A	148 - C
109 - E	119 - C	129 - A	139 - A	149 - C
110 - C	120 - D	130 - B	140 - C	150 - D(C)

151 - A	161 - C
152 - C	162 - C
153 - A	163 - A
154 - E	164 - C
155 - B	165 - D
156 - C	166 - C
157 - D	167 - C
158 - D	168 - B
159 - C	
160 - A	

Kapitel 7

1 - E	11 - E	21 - A	31 - B	41 - B
2 - C	12 - B	22 - C	32 - E	42 - D
3 - B	13 - D	23 - A	33 - B	43 - A
4 - A	14 - D	24 - D	34 - D	44 - C
5 - B	15 - B	25 - C	35 - D	45 - B
6 - B	16 - B	26 - C	36 - A	46 - E
7 - C	17 - A	27 - D	37 - B	47 - C
8 - B	18 - D	28 - E	38 - E	48 - B
9 - E	19 - B	29 - B	39 - C	49 - A
10 - D	20 - C	30 - D	40 - A	50 - B

51 - B	61 - C
52 - C	62 - D
53 - A	63 - C
54 - C	
55 - C	
56 - A	
57 - D	
58 - B	
59 - D	
60 - C	

Kapitel 8

1 - B	11 - C	21 - C	31 - C	41 - E
2 - A	12 - B	22 - E	32 - E	42 - C
3 - E	13 - C	23 - B	33 - B	43 - B
4 - D	14 - D	24 - B	34 - C	44 - A
5 - C	15 - D	25 - A	35 - A	45 - D
6 - C	16 - A	26 - D	36 - C	46 - E
7 - C	17 - A	27 - C	37 - E	47 - D
8 - E	18 - A	28 - B	38 - D	48 - C
9 - C	19 - D	29 - A	39 - E	49 - C
10 - D	20 - D	30 - B	40 - A	50 - D
51 - A	61 - B	71 - A	81 - C	91 - C
52 - A	62 - B	72 - B	82 - E	92 - B
53 - D	63 - E	73 - B	83 - C	93 - D
54 - E	64 - D	74 - A	84 - D	94 - B
55 - A	65 - A	75 - D	85 - C	95 - D
56 - D	66 - A	76 - A	86 - A	96 - E
57 - B	67 - C	77 - A	87 - C	97 - A
58 - B	68 - E	78 - B	88 - B	98 - C
59 - A	69 - B	79 - A	89 - B	99 - A
60 - B	70 - E	80 - C	90 - A	100 - B
101 - A	111 - B	121 - E	131 - A	141 - B
102 - A	112 - B	122 - A	132 - A	142 - A
103 - D	113 - A	123 - C	133 - D	143 - E
104 - E	114 - E	124 - D	134 - A	144 - B
105 - D	115 - D	125 - C	135 - B	145 - A
106 - B	116 - E	126 - C	136 - C	146 - C
107 - C	117 - B	127 - B	137 - A	147 - A
108 - D	118 - D	128 - A	138 - A	148 - A
109 - A	119 - D	129 - C	139 - A	149 - A
110 - C	120 - B	130 - B	140 - C	150 - B
151 - A	161 - A			
152 - C	162 - B			
153 - E	163 - A			
154 - C	164 - C			
155 - D	165 - B			
156 - B	166 - C			
157 - C	167 - B			
158 - C	168 - C			
159 - E	169 - D			
160 - C	170 - A			

Kapitel 9

1 - D	11 - D	21 - B	31 - A	41 - C
2 - E	12 - C	22 - D	32 - C	42 - B
3 - E	13 - A	23 - E	33 - A	43 - E
4 - C	14 - C	24 - B	34 - E	44 - C
5 - B	15 - C	25 - E	35 - C	45 - B
6 - A	16 - B	26 - B	36 - B	46 - D
7 - C	17 - B	27 - D	37 - B	47 - E
8 - B	18 - E	28 - A	38 - C	48 - C
9 - B	19 - C	29 - E	39 - D	49 - A
10 - C	20 - B	30 - B	40 - B	50 - D

51 - D
52 - D
53 - A
54 - B
55 - C
56 - D
57 - A
58 - D

Kapitel 10

1 - B	11 - C	21 - B	31 - C
2 - C	12 - B	22 - C	32 - A
3 - A	13 - A	23 - B	33 - E
4 - E	14 - D	24 - E	34 - E
5 - A	15 - B	25 - C	35 - E
6 - B	16 - E	26 - A	36 - D
7 - A	17 - C	27 - C	37 - A
8 - B	18 - A	28 - A	
9 - A	19 - D	29 - A	
10 - C	20 - B	30 - A	

Kapitel 11

1 - B	11 - A	21 - A
2 - A	12 - B	22 - C
3 - B	13 - E	23 - A
4 - B	14 - C	24 - A
5 - B	15 - A	
6 - A	16 - C	
7 - C	17 - B	
8 - A	18 - E	
9 - B	19 - C	
10 - B	20 - A	

Kapitel 12

1 - C	11 - B	21 - C	31 - C
2 - C	12 - E	22 - A	32 - E
3 - A	13 - C	23 - D	
4 - E	14 - A	24 - E	9a - E
5 - A	15 - A	25 - C	9b - C
6 - B	16 - C	26 - A	
7 - A	17 - D	27 - B	
8 - C	18 - A	28 - A	
9 - B	19 - B	29 - D	
10 - A	20 - E	30 - D	

K. Jungermann, H. Möhler

Biochemie

Lehrbuch für Studierende der
Medizin, Biologie und Pharmazie

Pathobiochemische Beiträge von
H. Arnold, C. Barth, H. Baumgartner, G. Brandner, W. Gerok,
H. Henrichs, H. Heißmeyer, N. Katz,
R. Kluthe, G. Löhr, C. Mittermayer,
W. Reutter, V. Riebeling, P. Schollmeyer, I. Witt

1980. 665 überwiegend vierfarbige
Abbildungen, 149 Tabellen.
XII, 733 Seiten
Gebunden DM 98,–
ISBN 3-540-09302-8

Inhaltsübersicht: Einführung in die Stoffwechselbiochemie: Funktionen des Stoffwechsels. Kinetik und Regulation des Stoffwechsels. – Stoffwechsel der Energieversorgung: Gewinnung „biologischer" Energie. Verdauung und Substrataufnahme. Bildung von Energiespeichern und Energiegewinnung in der Resorptionsphase: Verwertung von Energiespeichern und Energiegewinnung in der Postresorptionsphase. Endproduktausscheidung. – Stoffwechsel der Arbeitsleistungen: Bildung und Erhaltung von Zell- und Organstrukturen. Bereitstellung von Molekülen für spezielle Transport- und Signalprozesse. Biologische Abwehr. Kontraktion und Bewegung. Kommunikation durch Neuronen. Sachverzeichnis.

Ziel dieses Buches ist es, Verständnis der Grundlagen des menschlichen Stoffwechsels zu vermitteln. Der Inhalt umfaßt unter Berücksichtigung des Gegenstandskataloges für das Fach Physiologische Chemie drei Hauptthemen: Mechanismus und Regulation des allgemeinen Zell- und des speziellen Organstoffwechsels, die Stoffwechselbeziehungen zwischen den wichtigsten Organen und – an ausgewählten Beispielen – die Pathobiochemie des Menschen. Die Beschreibung ist nicht, wie meist üblich, chemisch-deskriptiv, sondern physiologisch funktionell gegliedert. Nicht chemische Substanzklassen und ihr Stoffwechsel, sondern biologische Funktionen sind Gegenstand der einzelnen Kapitel.

Diese Form der Darstellung der Biochemie hat nach langjähriger Erfahrung in Vorlesungen für Mediziner, Biologen und Pharmazeuten klare didaktische Vorteile, da die Lernmotivation durch schnelles Erkennen der Anwendbarkeit biochemischen Wissens im medizinischen und biologischen Bereich positiv beeinflußt wird.

Springer-Verlag
Berlin
Heidelberg
New York

Zur Überprüfung und
Erweiterung Ihrer Kenntnisse:

Examens-Fragen Medizin

Examens-Fragen Physik für Mediziner
Zum Gegenstandskatalog
von M. Höhl, H. Nägerl
2., überarbeitete Auflage.
1978. 78 Abbildungen, 1 Ausklapptafel. VIII, 262 Seiten.
DM 22,–
ISBN 3-540-08819-9

Examens-Fragen Physiologie
Herausgeber: K. Brück,
W. Jänig, R. Rüdel,
H. Schaefer, R. F. Schmidt,
M. Steinhausen, R. Taugner,
V. Thämer, G. Thews,
H.-V. Ulmer
4., überarbeitete Auflage.
1977. 7 Abbildungen, 1 Ausklapptafel. IX, 356 Seiten.
DM 19,80
ISBN 3-540-08500-9

Examens-Fragen Chemie für Mediziner
Bearbeitet von H.-P. Latscha,
G. Schilling, H. A. Klein
2., überarbeitete Auflage.
1977. VIII, 160 Seiten.
DM 16,–
ISBN 3-540-08313-8

Examens-Fragen Physiologische Chemie
Zum Gegenstandskatalog
Herausgeber: W. Kersten,
K. Brand
Unter Mitarbeit zahlreicher Fachwissenschaftler
1145 Fragen. Im Anhang 177 Fragen des IMPP.
3., neubearbeitete und erweiterte Auflage. 1979.
XI, 379 Seiten. DM 26,80
ISBN 3-540-09334-6

Examens-Fragen Anatomie
Zum Gegenstandskatalog
Herausgeber: H. Frick,
H. Leonhardt, T. H. Schiebler
3., völlig neubearbeitete Auflage. 1979. 34 Abbildungen.
Etwa 500 Seiten. DM 27,80
ISBN 3-540-09397-4

Examens-Fragen Pathologie
Herausgeber: K. Heilmann,
G. Döhnert
Mit einem Geleitwort von
W. Doerr
2., neubearbeitete Auflage.
1976. 1 Ausschlagtafel.
X, 191 Seiten. DM 16,–
ISBN 3-540-07746-4

Examens-Fragen Biomathematik
Herausgeber: A. Heinecke,
E. Hultsch, R. Repges,
F. Wingert
1975. VIII, 137 Seiten.
DM 18,–
ISBN 3-540-07198-9

Examens-Fragen Klinische Chemie
Herausgeber: K. Borner
Unter Mitarbeit von
E. Henkel, R. Kattermann,
W. Prellwitz, H. Schmidt
1977. 1 Ausklapptafel.
VII, 175 Seiten. DM 18,–
ISBN 3-540-08507-6

Examens-Fragen Pharmakologie und Toxikologie
Herausgeber: H. Bader
Unter Mitarbeit zahlreicher Fachwissenschaftler
2., neubearbeitete Auflage.
1976. 21 Abbildungen,
3 Tabellen. XII, 358 Seiten.
DM 19,80
ISBN 3-540-07906-8

Examens-Fragen Innere Medizin
zu den Gegenstandskatalogen 3 und 4
Herausgeber: J. Heinzler,
E. Kasperek, F. Schön
5., überarbeitete Auflage.
1979. 21 Abbildungen. Etwa 610 Seiten. DM 32,–
ISBN 3-540-09426-1

Examens-Fragen Kinderheilkunde
Herausgeber: G.-A. v. Harnack
Unter Mitarbeit zahlreicher Fachwissenschaftler
2., überarbeitete Auflage.
1978. XII, 213 Seiten.
DM 18,–
ISBN 3-540-08572-6

Examens-Fragen Dermatologie
Zum Gegenstandskatalog
Herausgeber: G. Burg,
R. Kolz, G. Lonsdorf
Vorwort von O. Braun-Falco
4., völlig neubearbeitete und erweiterte Auflage. 1979.
VI, 238 Seiten. DM 24,–
ISBN 3-540-09179-3

Examens-Fragen Chirurgie
Zu den Gegenstandskatalogen 3 und 4
Von J. Heinzler, E. Kasperek,
F. Schön
1978. 27 Abbildungen, 1 Ausklapptafel. IX, 404 Seiten
DM 28,–
ISBN 3-540-08800-8

Examens-Fragen Gynäkologie und Geburtshilfe
Zum Gegenstandskatalog 3
Herausgeber: E. Kasperek,
F. Schön
1979. 9 Abbildungen, 1 Tafel
IX, 192 Seiten. DM 18,–
ISBN 3-540-09139-4

Examens-Fragen Neurologie
Zum Gegenstandskatalog
Herausgeber:
K. L. Birnberger, D. Burg
2., neubearbeitete Auflage.
1978. 1 Ausklapptafel.
VII, 167 Seiten. DM 18,–
ISBN 3-540-09032-0

Examens-Fragen Psychiatrie
Bearbeitet und herausgegeben von A. Beinhauer
Vergriffen. Neuauflage in Vorbereitung

Examens-Fragen Arbeitsmedizin
Herausgeber: G. Lehnert,
J. Rutenfranz, H. Valentin,
H. Wittgens, G. Jansen
Vergriffen. Neuauflage in Vorbereitung

Examens-Fragen Rechtsmedizin
Herausgeber: W. Schwerd,
H. J. Wagner
Unter Mitarbeit zahlreicher Fachwissenschaftler
1976. VII, 171 Seiten.
DM 18,–
ISBN 3-540-07769-3

Examens-Fragen Anaesthesiologie – Reanimation – Intensivbehandlung
Herausgeber: R. Beer,
H. Kreuscher
Unter Mitarbeit zahlreicher Fachwissenschaftler
1974. XIV, 85 Seiten.
DM 14,–
ISBN 3-540-06547-4

Preisänderungen vorbehalten

Fragen Sie Ihren Buchhändler nach unserem neuesten Verzeichnis „Lehrbücher Medizin"

Springer-Verlag
Berlin
Heidelberg
New York

MIX
Papier aus verantwortungsvollen Quellen
Paper from responsible sources
FSC® C105338

If you have any concerns about our products,
you can contact us on
ProductSafety@springernature.com

In case Publisher is established outside the EU,
the EU authorized representative is:
**Springer Nature Customer Service Center GmbH
Europaplatz 3, 69115 Heidelberg, Germany**

Printed by Libri Plureos GmbH
in Hamburg, Germany